GEOLOGICAL EXCURSION WITH KENJI MIYAZAWA

宮沢賢治の地学実習

柴山元彦 著

創元社

〈凡例〉

◆引用テキストについて

宮沢賢治作品の引用については、原則として新潮文庫『新編風の又三郎』『新編銀河鉄道の夜』
『注文の多い料理店』『新編宮沢賢治詩集』および、ちくま文庫『宮沢賢治全集』各巻に収録
されているテキストを用いました。

ただし、本書では全文を現代仮名遣いに改め、適宜ルビや補足［　］、脚注（＊）を加え、読
者の便を図りました。

また、紙面の都合上、出典テキストにある一部の改行や注釈については割愛しました。

引用箇所には、今日から見れば不適切とされる表現もありますが、著者がすでに故人であるこ
と等を鑑み、原文どおりとしました。

◆写真について

借用した写真等の出典は p.157 にまとめて記載しました。

はじめに

　宮沢賢治が非常に石好きであったことは有名です。しかし賢治の石好きは単なる趣味ではなく、地学という学問に裏づけられた関心でした。地学教師であった賢治は、生徒が地学を楽しく学ぶことができるように野外に出かけ、鉱物や岩石を観察し、雨風のはたらきや天体の動きを調べるなど、さまざまな地学現象を体験させました。地学は本来野外学習で、自然現象をみずから体験し、その中から学びを得る学問なのです。そこで得た学びを、賢治は物語や詩に織り込みました。

　2017年に出版した『宮沢賢治の地学教室』は、賢治が作品の中に描いた地学現象を読み解きながら、座学として地学の基礎を学べるよう構成した本でした。その姉妹編である本書では、賢治の学習スタイルにより近づけて、地学現象を体験的に学べるよう、実習を中心に構成しています。幸い、日本国内には化石や鉱物の採集場、気象体験設備、天体観測所など、地学現象を気軽に体験・実験できる施設が増えつつあり、学習に適した環境が整ってきています。

　本書では、宮沢賢治が実際に経験したり、あるいは作品に登場する地学用語や地学現象をたよりに、同じような体験ができる施設や関連する実験を紹介しています。特に第1章は賢治の生涯を地学の視点から追った特別編で、"賢治地学の旅"のガイドブックとしても読んでいただけると思います。

　前著『宮沢賢治の地学教室』とあわせて活用していただくことで、地球のはたらきを全身で感じ、"地学はおもしろい"と実感していただければ幸いです。

柴山元彦

旅のしおり（もくじ）

はじめに ……… 3

第1章　賢治と地学ゆかりの地を訪ねよう ……… 7

地震とともに生まれた賢治 ……… 8

（実習）陸羽地震で生じた千屋断層を調べよう／断層について学ぼう／断層によって生じた地殻変動を考えよう／千屋断層を見学してみよう

石っこ賢さん ……… 12

（実習）賢治が通った豊沢川の川原に出かけよう／岩石の種類を知ろう／（実習）賢治が入った大沢温泉に行ってみよう

盛岡での学生時代 ……… 16

（実習）岩手公園（盛岡城跡公園）を訪ねよう／（実習）岩手山の地形を調べよう／国土地理院地図の地形図を使ってみよう／（実習）賢治がよく訪れた鬼越山に行こう／瑪瑙を探そう

盛岡高等農林学校へ進学 ……… 22

（実習）賢治が見学した秩父・長瀞に行こう／埼玉県立自然の博物館／「日本地質学発祥の地」石碑／虎岩／（実習）旧盛岡高等農林学校本館を見学しよう

花巻農学校で地学を教える ……… 26

（実習）イギリス海岸を見学しよう／（実習）台川の地質巡検をたどろう／流紋凝灰岩の崖／釜淵の滝／壺穴

羅須地人協会の時代 ……… 30

（実習）羅須地人協会の建物を訪ねよう

東北採石工場技師の時代 ……… 31

（実習）東北砕石工場跡を訪ねよう

第2章　化石を発掘しよう ……… 33

「イギリス海岸」のクルミの化石 ……… 34

（実習）化石発掘を体験してみよう／大野市化石発掘体験センター HOROSSA!（ホロッサ）／瑞浪市化石博物館野外学習地／化石のでき方

「銀河鉄道の夜」の獣の化石 ……… 40

（実習）恐竜の化石の発掘を体験しよう／元気村かみくげ 化石発掘体験コーナー

「楢ノ木大学士の野宿」「イギリス海岸」の足跡化石 ……… 44

（実習）足跡化石を見学しよう／石川河川敷の足跡化石

賢治の宝石商の夢──樹液の化石 ……… 48

（実習）コハクの採掘を体験してみよう／久慈琥珀博物館

賢治が発見した新種のクルミの化石 ……… 50

(実習)「イギリス海岸」の化石レプリカ作り ……… 52

第3章 岩石を調べよう ……… 55

「或る農学生の日誌」の岩石標本と高師小僧 ……… 56
(実習)川原の石で標本を作ろう／地質を調べる／標本箱を用意する／川原で石を探す／石を分類する／岩石の種類とでき方／(実習)高師小僧を探そう／木津川の高師小僧探し

「孤独と風童」のみかげ石 ……… 64
(実習)みかげ石の故郷を訪ねよう／住吉川のみかげ石観察

「高架線」の蛍石 ……… 68
(実習)蛍石を採集しよう／ほたる石鉱山ミネラルハンティングガイドツアー

「岩手軽便鉄道七月(ジャズ)」の砂鉱 ……… 72
(実習)川砂から砂金を探してみよう／大樹町の砂金採り体験

「阿耨達池幻想曲」の高温水晶 ……… 77
(実習)複六方錐の結晶粒を探そう／木津川の結晶探し

(実習)「台川」の柱状節理を再現してみよう ……… 80

第4章 大地の活動を読み解こう ……… 83

「イギリス海岸」の地史を読み解く ……… 84
(実習)花巻市付近の地形断面図を作ってみよう

「泉ある家」の断層泉 ……… 90
断層泉／地形を変える断層／(実習)地震断層を観察しよう／野島断層保存館／根尾谷地震断層観察館

「グスコーブドリの伝記」の火山活動 ……… 98
(実習)生きている火山を体験しよう／阿蘇火山博物館

(実習)「鎔岩流(春と修羅)」の溶岩を再現しよう ……… 104

第5章 気象と災害のしくみを知ろう ……… 107

「〔もうはたらくな〕」「〔二時がこんなに暗いのは〕」の雷雨 ……… 108
雨の強さと降り方／雨雲とは／雷のしくみ／(実習)豪雨を体験してみよう／大滝ダム・学べる防災ステーション／東京消防庁本所都民防災教育センター 本所防災館／水のめぐみ館 アクア琵琶

「風野又三郎」の暴風 ……… 114
風の強さ／暴風の基準／(実習)暴風を体験してみよう／豊田市防災学習センター／奈良市防災センター

「毒もみのすきな署長さん」の洪水 ……… 120
外水氾濫と内水氾濫／(実習)洪水を体験してみよう／四季防災館

「雪渡り」のかた雪、しみ雪 ……… 124
雪はどのようにして作られるか／雪の結晶の形／雪の形から、上空の状態がわかる／(実習)雪について学ぼう／中谷宇吉郎 雪の科学館

(実習)「風野又三郎」の竜巻を作ろう ……… 130

第6章 夜空を見上げよう ……… 133

「土神と狐」の惑星と恒星 ……… 134
(実習)「水沢の天文台」に行こう／国立天文台 水沢キャンパス／(実習)さそり座を見つけよう

「東岩手火山」に登場する星座 ……… 138
(実習)星座表を見ながら、作品に描かれた星空を調べよう

「銀河鉄道の夜」に登場する星座 ……… 141
(実習)プラネタリウムで星座を見よう／大塔コスミックパーク「星のくに」／名古屋市科学館／明石市立天文科学館

(実習)太陽黒点を観察しよう ……… 150

アクセス情報 ……… 152
参考文献・ウェブサイト／図版クレジット ……… 157
おわりに ……… 158

本書の登場人物

ケンジ先生
森の学校で動物の生徒たちに地学を教える先生。宮沢賢治の大ファン。

たぬきくん
勉強は苦手だけど好奇心の強さならクラスで一番。

きつねくん
いろいろな本を読んでいるので物知りなクラスの秀才。

くまくん
ちょっとおとぼけだが、まじめで一生懸命な性格。

ねこさん
クラスの紅一点。カンがよく、授業中もするどい指摘をする。

第 **1** 章

賢治と地学
ゆかりの地を訪ねよう

岩手県花巻市に生まれた宮沢賢治は、
子どもの頃から川原の石や、雄大な岩手山に親しみながら育ちました。
やがて盛岡高等農林学校に進学すると各地へ研修旅行に出かけ、
また卒業後は地学の教師としても、生徒たちを連れて巡検に出かけました。
賢治の生涯を追いながら、
その折々に賢治が体験した地学現象を追体験してみましょう。

地震とともに生まれた賢治

宮沢賢治は1896年（明治29）8月27日に現在の岩手県花巻市に生まれました。生後5日目にして、岩手県と秋田県の県境を震源とする陸羽地震が起きました。死者200名を超える大きな被害が出て、賢治の生家（現花巻市）でも震度4の揺れが感じられたと推定されています。

陸羽地震における家屋の全壊率。花巻市街でも全壊家屋があったことがわかる

この年は災害の多い年で、その2ヶ月前の6月15日には明治三陸地震津波が起きて、2万人もの死者が発生していたんだ。

賢治が亡くなった1933年（昭和8）にも昭和三陸地震津波が起きているね。

地震や津波とともに生まれて、ともに亡くなったような人なのね。

1923年、賢治が27歳の時には関東大震災も起きている。賢治が地震のことを直接書いた作品はあまりないけれど、彼の生きた時代には、特に大きな自然災害が頻発していたんだ。

第1章 賢治と地学ゆかりの地を訪ねよう

実習 陸羽地震で生じた千屋断層を調べよう

　陸羽地震は1896年8月31日、午後5時6分に起きました。マグニチュード7.2の内陸直下型地震で、震央付近では、震度7〜6の大きな揺れが発生し、東北地方一帯に広く揺れが広がりました。

　この地震では、2列の地震断層が地表に現れました。それは千屋断層と川舟断層という2つの活断層で、南北に延びる奥羽山脈のうち、真昼山地の東西両側の山裾にできました。

　千屋断層は東側が西側に対して3.5m隆起、川舟断層は西側が東側に対して2m隆起した逆断層でした。

断層について学ぼう

　断層の出現は、その周辺の大地に強い力が加わったことを意味しています。例えば岩石などを圧縮するとその力を解放しようとして岩石がずれて割れ、その時に逆断層ができます。また、逆に引張の力を加えると、ずれて正断層のような割れ目ができます。水平方向に圧縮の力が、それと直角方向に引張の力が加わると水平に割れ目ができて、横ずれ断層になります。

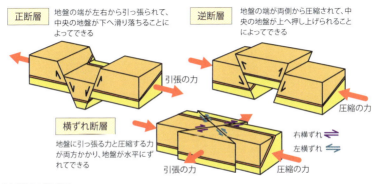

いろいろな断層の模式図

9

断層によって生じた地殻変動を考えよう

　下の図は、南北に延びる真昼山地を横断するように東西に切った場合の断面図です。山地の東裾にある川舟断層と西裾にある千屋断層の位置を点線で示しています。

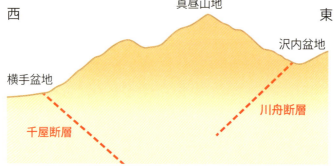

　図のように2つの逆断層が観察されていることと、逆断層の地殻変動のしかたから推測して、この2つの断層に挟まれた真昼山地にはどのように地殻変動が起きたと考えられるでしょうか。

　点線の断層に土地が動いた方向を矢印で記入し、地殻変動のを図で表現してみましょう。

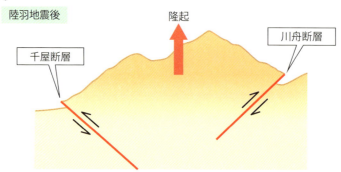

　千屋断層は東側が隆起、川舟断層は西側が隆起した逆断層なので、図で示すとこのようになります。このずれによって、両断層に挟まれた真昼山地には、隆起するような地殻変動が生じたことになります。このことから、陸羽地震ではこの地盤に東西方向に圧縮の力がはたらいたと考えられます。

第1章 賢治と地学ゆかりの地を訪ねよう

千屋断層を見学してみよう

　千屋断層では、山側がせりあがってできた断層崖が保存されています。国の天然記念物となっていて、説明パネルやトレンチ調査をした断面が残っています。

※トレンチ調査…溝を掘って地質断面を調べる調査

千屋断層

看板の後ろに断層崖が見える

トレンチ調査をした断面はネットに覆われ保存されている

断層の説明看板

アクセス

JR大曲駅より車で25分、またはJR大曲駅より羽後交通バス千屋線に乗り「一丈木」バス停で下車、徒歩10分。

石っこ賢さん

　賢治は花巻市にある花城小学校（現花巻小学校）に通っていました。賢治は、担任の八木英三先生から川原の石の見方を教わって以来、石に興味を持ち、放課後はよく家の近くを流れる豊沢川の川原に石を探しに出かけていました。家にはこうして拾ってきた石がしだいにたくさん溜まっていき、賢治は近所の人から「石っこ賢コ（賢さん）」と呼ばれるようになりました。

　賢治が育った家の前には奥州街道が通っていて、その道を少し南に行ったところに豊沢川にかかる豊沢橋がありました。当時は護岸の堤防もなかったので簡単に川原に下りることができたのでしょう。

 賢治が通った豊沢川の川原に出かけよう

まずは地図で賢治が生まれた家（母の実家）と育った家、旧奥州街道、その南にある豊沢川を確認しよう。

 賢治は豊沢橋のあたりの川原で石探しして遊んだのかな。

賢治の実家と母の実家周辺の地図

アクセス

JR花巻駅から徒歩約25分、途中実家跡にも寄ることができる。
路線バスでは花巻駅から岩手県交通バス石鳥谷線で「豊沢町」下車、少し南に行くと橋に出る。

第1章　賢治と地学ゆかりの地を訪ねよう

賢治が育った家跡の碑

賢治が育った家の前の旧奥州街道

新しくなった豊沢橋。橋の欄干には賢治ゆかりの装飾が施されている

川原には、橋の南詰めの西側から下りることができるけれど、賢治の時代とは違って、現在の川原にはそれほど石ころは多くないんだ。水辺付近なら石が少し見つかるよ。

 見つかる石はほとんど火山岩だね。安山岩、流紋岩、火砕岩……、こっちは花崗閃緑岩かな。

豊沢川原。右に見えるのが豊沢橋

川原の石はほとんどが火山岩

賢治が好みそうな玉髄質の石も転がっている

岩石の種類を知ろう

　岩石は大きく分けると、マグマが冷え固まってできる火成岩、水底などに土砂が堆積してできる堆積岩、これらの岩石に熱や圧力が加わってできる変成岩の3種類があります。それらはいろいろな基準で主に15種類に分類できます。岩石のほとんどはこの15種類のいずれかに当たります。

火成岩

　マグマが冷え固まったのが地表か地下か、どれくらいの速さで冷えて結晶化したかによって、6種類に分けられます。

岩石の分類		苦鉄質（塩基性）	中間質（中性）	ケイ質（酸性）
火山岩 （斑状組織）		玄武岩	安山岩	流紋岩
深成岩 （等粒状組織）		斑れい岩	閃緑岩	花崗岩
色合い				

堆積岩

何からできたかや粒の大きさによって5種類に分けられます。
◎岩屑が堆積したもの　　　粒径が2mm以上 ➡ れき岩
　　　　　　　　　　　　粒径が2mm～0.06mm ➡ 砂岩
　　　　　　　　　　　　粒径が0.06mm以下 ➡ 泥岩
◎化学成分が沈殿したもの　➡ チャート（SiO_2）、石灰岩（$CaCO_3$）
◎生物の遺骸が沈殿したもの　➡ チャート（放散虫）、石灰岩（紡錘虫やサンゴ）

変成岩

変成のしかたによって4種類に分けられます。
◎広域変成岩　低温高圧の場合 ➡ 結晶片岩（細かい層状）
　　　　　　　高温低圧の場合 ➡ 片麻岩（縞状の構造）
◎接触変成岩　➡ ホルンフェルス（硬く黒い石）、大理石（方解石）

第1章　賢治と地学ゆかりの地を訪ねよう

 実習　賢治が入った大沢温泉に行ってみよう

　賢治は小学校5年生の時、仏教会の講習会に参加するため、父に連れられて花巻の西にある豊沢川上流の大沢温泉に行きました。

> この時賢治が宿泊した温泉宿は、今でも「自炊部湯治屋」として湯治に来る人たちでにぎわっているんだよ。賢治が入った露天風呂に入ることもできるよ（混浴だけど）。

> 橋に掲示されている当時の記念写真には賢治も写ってるね。

自炊部湯治屋

曲がり橋上で撮影された当時の記念写真が橋の脇の掲示板にある（賢治は前列左から4人目のすぐ後ろ）

　豊沢川沿いには上流から鉛温泉、大沢温泉、志戸平温泉、松倉温泉が並び、さらに北の谷には台温泉や花巻温泉などが集まっていて温泉郷を形成しています。
　温泉が東北地方のほぼ中央を南北に延びる火山フロントのすぐ西に位置することや、周辺に駒ヶ岳などの火山が分布することなどから、温泉の熱源は地下のマグマに起因するものと考えられています。

アクセス

JR花巻駅より路線バスで約25分、無料シャトルバスもあり。車の場合は東北自動車道花巻南IC下車、県道12号線で15分。

盛岡での学生時代

　1909年、小学校を卒業した賢治は、盛岡市の名門・盛岡中学校へ入学。家を出て寮に入り、生き生きとした学生生活を送っていました。中学時代には、市街地にある岩手公園（盛岡城跡公園）で風化した花崗岩の観察や蛭石（黒雲母が風化変質した鉱物）採集をしたり、初めて岩手山に登るやすっかり夢中になって頻繁に山登りやその周辺の石採集をしたり、修学旅行では宮城県石巻に行って初めて海を見たりと、のちの作品にも表されるさまざまな経験をしました。

実習 岩手公園（盛岡城跡公園）を訪ねよう

広い公園だね。あの石垣が昔のお城なのかな？

地質図からもわかるように、ここはもともと花崗岩が高まりを作って、あちこち顔を出しているような場所なんだ（図の赤い部分）。
その高まりに盛岡城が立っていたんだけど、現在は石垣のみが残っている。ただし、この石垣も花崗岩の露出部分を有効利用しているんだよ。

賢治の詩にも「岩手公園」というのがあるね。

うん、公園の中にも詩碑があるよ。その碑のそばにも、丸みを帯びた花崗岩の露頭があって、賢治はその花崗岩から蛭石を採集していたんだ。そのことは賢治の短歌にも詠まれているよ。

第1章　賢治と地学ゆかりの地を訪ねよう

公園の円き岩べに蛭石をわれらひろえばぼんやりぬくし

岩手公園内に見られる丸みを帯びた花崗岩の露頭と石垣

丸い花崗岩

　蛭石は黒雲母が風化した鉱物で、少し熱すると蛭やアコーディオンのように伸びることからこのような名前がつけられています。
　花崗岩は火成岩（→p.60）の一種で、石英や長石、角閃石、黒雲母どの鉱物が集まってできているので、表面の黒雲母が風化して蛭石になっていたのでしょう。

黒雲母を熱すると、薄片部分が血を吸ったヒルのように伸び、蛭石となる

アクセス

JR盛岡駅東口から盛岡都心循環バス左回りで「県庁市役所前」下車徒歩約5分、盛岡駅から徒歩約20分で盛岡城跡公園。

岩手山の地形を調べよう

賢治がよく訪れた鬼越山（鬼古里山）付近から見た岩手山

　賢治は中学2年生の時に植物採集岩手登山隊の一員として初めて岩手山に登って以来、この山に惹かれて何度も訪れ、周辺で石採集を行っています。岩手山は盛岡市の北西に位置し、富士山のような裾野を持つ美しい山容をしています。地形図でその形を確かめてみましょう。

国土地理院地図の地形図を使ってみよう

❶ 国土地理院のホームページから地理院地図（電子国土Web）を開く。
❷ 地理院地図で岩手山付近を表示し、画面右上にある「機能」→「3D」で大／小／カスタムいずれかを選ぶと岩手山付近の地形図が立体的に現れてくる。

第1章　賢治と地学ゆかりの地を訪ねよう

❸ マウスのポインターを画面上で動かすと立体地形が回転したり上下したりする。拡大縮小もできる。

水平／垂直比率1の場合

❹ 画面の左下に水平／垂直方向の比率を変えるバーがある。これを右に動かすほど高さが誇張され、地形の特徴がより鮮明になる。ただし倍率を大きくしすぎると現実の地形と違いすぎるので、3倍くらいまでが適切。

水平／垂直比率3の場合

> 岩手山をいろいろな角度から見ると、この山が西側にある黒倉山とその横の火口を中心とする山、そして東側にある岩手山（東岩手山）の3つの山でできていることがわかるね。
> それに裾野などの形を見ると、火山の形としては、富士山と同じ成層火山（大噴火を起こし、流れ出した中程度の粘性のマグマが固まってできる火山）であると考えられるよ。

実習 賢治がよく訪れた鬼越山に行こう

鬼越の山の麓の谷川に瑪瑙のかけらひろい来りぬ

—— 歌稿B〔0-1〕〔明治四十二年四月〕より

友だちと
鬼越やまに
赤錆びし仏頂石のかけらを
拾いてあれば
雲垂れし火山の紺の裾野より
沃度の匂しるく流るる

—— 〔友だちと　鬼越やまに〕より

賢治の詩や短歌によく出てくる「鬼越山」ってどこだろう？地図で見当たらないな。

盛岡市の北西約10kmのところにある鬼古里山（江戸時代には鬼越山と呼ばれた時期がある）か、あるいはその南にある燧堀山のことだと思うけど、はっきりとはわからない。ただ、これらの山などを含むこの周辺は古くから「鵜飼鬼越」という地名で呼ばれているよ。

じゃあ、賢治はこのあたりの山の麓を流れる谷川に、瑪瑙や仏頂石（玉髄）をよく探しに行っていたんだね。

瑪瑙を探そう

鬼古里山と燧堀山の間を流れる小さな谷川（滝沢）があります。その川の中の小石を見ていくと、瑪瑙が見つかることがあります。

奥が岩手山、手前が鬼古里山

その南にある燧堀山

鬼越付近の小さな谷川

谷川には今でもこのような瑪瑙が見つかることがある

玉髄（カルセドニー）は石英の細かい粒が集まってできた鉱物です。たいてい半透明ですが、鉄分がしみ込んで橙色になったものもあります。玉髄の中で縞模様が見られるものを瑪瑙（アゲート）と呼びますが、日本ではしばしば玉髄も瑪瑙と呼びます。

玉髄も瑪瑙も、石英と同じ硬度があって硬いため、川原ではほかの石ほど丸くありません。形は平たいものが多いので、色や形の特徴から探してみましょう。

アクセス

賢治はいつも盛岡市内から歩いて行っていたようだが、10km超あるので2時間以上かかっていただろう。車では東北自動車道の盛岡ICで降り、そこから約20分で鬼古里山と燧堀山の間に挟まれた鵜飼鬼越に行くことができる。

盛岡高等農林学校へ進学

　賢治は1915年、盛岡高等農林学校（現岩手大学農学部の前身）に入学し、2年生の時、農学科恒例の「秩父・長瀞・三峰地方土質・地質見学旅行」に参加しました。引率者は関豊太郎教授と神野幾馬助教授でした。

　9月2日に東京上野を出発し、3日に埼玉県寄居町、4日に小鹿野町、5日に三峰神社と移動し、その間に荒川渓谷やその周辺の地質を見学して回るという行程です。

　この地域は地質学の発祥の地としても有名な地域で、賢治たちはいわゆる"秩父古生層"で結晶片岩などを採集しました。

実習　賢治が見学した秩父・長瀞に行こう

賢治たちが訪れた秩父・長瀞地方は日本で地質学の研究が最初に行われた由緒ある地域なんだ。地質学を志す者は一度はここを訪れると言われているほどだよ。

1878年に東京帝国大学の初代地質学教授であったナウマンが、この場所から日本の地質調査を始めたことから、日本地質学発祥の地と呼ばれるようになったんだよね。

埼玉県立自然の博物館でこのあたりの地質のことをくわしく学べるのね。

埼玉県立自然の博物館

　埼玉県の地質（地層・化石・岩石・鉱物）、植物、動物などについての展示解説をしています。

　展示の目玉は巨大サメ「カルカロドン・メガロドン」の化石です。1986年、深谷市の荒川河床の地層（約1000万年前）からこの巨大サメの歯の化石が大量に見つかりました。博物館には、復元されたサメの骨格や像が展示されています。

また博物館では、周辺の自然観察に役立つ「長瀞自然観察マップ」が配布されています。

「日本地質学発祥の地」石碑

　博物館の玄関から荒川の方に向かう途中にあります。石材はこの長瀞付近に分布する結晶片岩（赤鉄石英片岩）が使われています。石碑の右側面には、この石が川にあった時にできたと思われる小さなポットホール（甌穴）も見られます。

虎岩

　博物館の玄関から荒川へ向かうと、川辺に大きな岩が出ています。

　この岩は表面をよく見ると茶褐色の虎模様をしているので、古くから「虎岩」と呼ばれています。これはスチルプノメレン（茶色）、石英（白色）、石墨（黒色）などの鉱物が縞模様を作るように並んだ結晶片岩で、賢治はこの岩のことも短歌に詠んでいます。

荒川に見られる結晶片岩の岩畳

　　つくづくと「粋なもようの博多帯」荒川ぎしの片岩のいろ

　　　　　　　　　――「書簡 22（保阪嘉内宛）」より

虎岩と賢治の歌が記載された看板

虎岩

博物館の前庭一帯には、この周辺に分布する岩石の標本が置かれている

アクセス

秩父鉄道の上長瀞駅で下車、北東方向に徒歩約5分で埼玉県立自然の博物館に着く。

第1章 賢治と地学ゆかりの地を訪ねよう

> **実習** 旧盛岡高等農林学校本館を見学しよう

旧盛岡高等農林学校本館

　賢治は1918年に卒業してからも研究生として残り、盛岡高等農林学校に通いました。その当時の校舎は、現在も岩手大学農業教育資料館として保存されています。

　校舎は1912年に建てられた、当時を代表する木造欧風建築物で、国の重要文化財に指定されています。館内は見学でき、賢治が所属していた農学科第二部学生及び教職員の集合写真も飾られています。

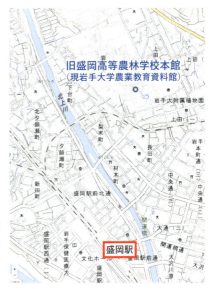

> **アクセス**
> JR盛岡駅前より松園方面行バスに乗り、「岩手大学前」で下車。車の場合は東北自動車道盛岡ICより県道1号を経由して約15分で着く。

花巻農学校で地学を教える

　賢治は、1921年に農学校教員となり、翌年には、有名な随筆風の童話「イギリス海岸」を書きました。この話の中に書かれているように、賢治は花巻市内の北上川の河床に現れている泥岩層を「イギリス海岸」と名づけ、生徒を連れて、この泥岩層で化石採集や足跡化石の観察などを行いました。

実習　イギリス海岸を見学しよう

どうして「イギリス海岸」なんだろう？

イギリスのあるブリテン島は、ドーバー海峡沿岸の崖にチョーク層の白い断面が見えるんだ。賢治は水面から現れた泥岩層の白さから、イギリスのこの崖を連想したんじゃないかな。

でも、今日はその川床は見えないね。

近年は水量が増加したのか、河床の泥岩が見られることが少なくなっているんだ。この近くに川床が見えている時の写真つきの説明板があるから、それを見れば雰囲気がわかると思うよ。

説明板

説明板にある写真。河床の泥岩層は水の少ない頃はよく現れていた

第1章 賢治と地学ゆかりの地を訪ねよう

手前の瀬川が奥の北上川に合流している。中央にイギリス海岸の一部が見られる

水面の下に灰色の泥岩層が見られる

イギリス海岸の泥岩。黒く炭化した植物が見られる（石と賢治のミュージアムで購入）

アクセス

JR花巻駅から徒歩約30分。バスの場合は花巻駅前から岩手県交通バス大迫・花巻線に乗り、「イギリス海岸」で下車し、徒歩約5分。

実習 台川の地質巡検をたどろう

　花巻温泉の上流に流れる台川は、北上川支流・瀬川のさらに支流にあたります。賢治の「台川」という作品には、賢治が生徒を引率して、台川中流の釜淵の滝まで地質巡検（見学）をした時の様子が記録風に描かれていると言われています。この釜淵の滝を訪れて、実際に賢治が生徒たちに地学の説明をした場所を見てみましょう。

流紋凝灰岩の崖

〔この山は流紋凝灰岩でできています。石英粗面岩の凝灰岩、大へん地味が悪いのです。赤松とちいさな雑木しか生えていないでしょう。［…］〕

滝下の台川の谷間。崖に見える石が作品に出てくる流紋凝灰岩

「台川」の賢治は、そこに生えている樹木の種類から、地質の説明を行っています。

釜淵の滝

「台川」の巡検における目的地で、作品の中にも釜淵の滝のことがたびたび書かれています。

この下のみちがきっと釜淵に行くんだ。［…］ずうっと下だ。釜淵は。ふちの上の滝へ平らになって水がするする急いで行く。

釜淵の滝

第1章 賢治と地学ゆかりの地を訪ねよう

壺穴

こんな広い平らな明るい瀧はありがたい。上へ行ったらもっと平らで明るいだろう。けれども壺穴の標本を見せるつもりだったが思ったくらいはっきりはしていないな。多少失望だ。岩は何という円くなめらかに削られたもんだろう。

壺穴というのは、硬い川底の表面にある割れ目などが水流で侵食されてできた穴のこと。この穴に小石が入ると、渦流によって小石が回転し、穴の壁面が削られてきれいな円形になるんだ。

「台川」ではわかりやすい壺穴が見つからなかったようだけど、ここにきれいな壺穴があるね。

滝の上のすぐ横にあるきれいな円の壺穴

滝周辺案内地図

アクセス

釜淵の滝へは、JR花巻駅から岩手県交通バス・花巻温泉行に約20分乗り、「花巻温泉」で下車。そこから案内表示に従って徒歩約15分。

羅須地人協会の時代

賢治は花巻農学校の教員を辞すと、農村経済や文化芸術の研究のために、羅須地人協会を設立しました。下根子桜にある宮沢家の別邸を拠点として、賢治はここで自炊生活を始め、周辺を開墾し、畑や花壇を作りました。ここで賢治は土壌学、植物生理学、肥料学、肥料設計など農業に必要な科学的知識を人々に啓蒙し、「農民芸術」と名づけた新しい農村文化の創造にも努力しました。

実習　羅須地人協会の建物を訪ねよう

羅須地人協会の建物は今、花巻空港近くにある県立花巻農業高校敷地内に復元保存されているんだ。

オルガンや講義に使った掛図も残ってるね。当時の雰囲気がよくわかるわ。

羅須地人協会の建物

建物内部。この部屋で賢治が講義を行った

アクセス

JR東北本線花巻空港駅で下車し、徒歩約20分。またはいわて花巻空港新ターミナルから徒歩約30分。

東北採石工場技師の時代

　1929年2月、東磐井郡松川（現一関市東山町松川）にあった東北採石工場の工場長・鈴木東蔵が、肥料としての石灰の効用について教えてほしいと賢治を訪ねてきました。その後もたびたび彼から石灰関連の製品化について相談を受けた賢治は、ついには1931年2月、新しく開設された東北砕石工場花巻出張所の技師として就職することになりました。

実習　東北砕石工場跡を訪ねよう

東北砕石工場は石灰の砕石を行っていた工場で、跡地には現在も施設の一部（東亜産業株式会社、東北タンカル工場）が残っていて、かつての工場をしのぶことができるんだよ。

周辺には今でも石灰岩を砕石している大きな採石場があるんだね。

併設する「石と賢治のミュージアム」でチケットを買えば、砕石工場跡地の内部を見学できるよ※。

アクセス

JR東北本線一関駅より大船渡線に乗り換え、陸中松川駅で下車。駅前から徒歩約5分。駅を降りると、線路沿いに枕木を敷き詰めたプロムナードがある。それを北に進むと左手に「石と賢治のミュージアム」があり、さらに先に進むと東北砕石工場に着く。

※2019年3月現在、砕石工場内部は改修工事のため見学中止。2020年春に再開予定。

陸中松川駅

駅前の案内の石碑

石と賢治のミュージアムへの入口

ミュージアムの外観

ミュージアム内

ミュージアム内

旧東北砕石工場の外観

工場わきの崖に賢治と工場長鈴木東蔵や工夫との集合写真から復元した像がある。賢治技師は後列右から4人目、その左隣は工場長鈴木東蔵

第 **2** 章

化石を発掘しよう

　「化石」というと、大きな恐竜の骨格標本を思い浮かべるかもしれません。
　しかし実際には、骨や牙だけでなく貝殻や植物の跡、動物の足跡など、地層の中に残された古代の生き物が生きていた証拠はみんな「化石」と言えます。
　こうした化石はみなさんの身近な場所でも見つかることがあります。
　化石の発掘体験や観察を通して、古代生物の姿や形を想像してみましょう。

「イギリス海岸」のクルミの化石

泥岩層は見られなかったけど、北上川は景色がきれいだね。

ところで、ここで賢治が新種のクルミの化石を見つけた（→p.50）ことは知っているかい？

新種のクルミ？

たしか、「イギリス海岸」にクルミのことが書いてあったよね。

青いマーカーのところに注目すると、一般的なクルミは球形をしているのに対して、賢治の見つけたクルミの化石は細長く尖っていることがわかるね。縦向きに埋まっているものも細長いので、地層の圧力で変形したわけじゃない。つまりそのクルミは、これまで見つかっていなかった新種だったということなんだ。

すごい、新発見だったんだね。しかも、この作品のために書いたフィクションじゃなかったんだ。

賢治が見つけたのはバタグルミという、それまでは知られていなかった種類だったんだ。今はイギリス海岸でもバタグルミの化石はほとんど見つからないそうだけど、賢治と同じように岩の中から化石を掘り出すことは、日本のいろいろなところで体験できるんだよ。

ぼくも化石を発掘してみたい！

その頃世界には人はまだ居なかったのです。殊に日本はごくごくこの間、三［、］四千年前までは、全く人が居なかったと云いますから、もちろん誰もそれを見てはいなかったでしょう。その誰も見ていない昔の空がやっぱり繰り返し繰り返し曇ったり又晴れたり、海の一とこがだんだん浅くなってとうとう水の上に顔を出し、そこに草や木が茂り、ことにも胡桃の木が葉をひらひらさせ、ひのきやいちいがまっ黒にしげり、しげったかと思うと忽ち西の方の火山が赤黒い舌を吐き、軽石の火山礫は空もまっくらになるほど降って来て、木は圧し潰され、埋められ、まもなく又水が被さって粘土がその上につもり、全くまっくらな処に埋められたのでしょう。考えても変な気がします。そんなことほんとうだろうかとしか思われません。ところがどうも仕方ないことは、私たちのイギリス海岸では、川の水からよほどはなれた処に、半分石炭に変った大きな木の根株が、その根を泥岩の中に張り、そのみきと枝を軽石の火山礫層に圧し潰されて、ぞろっとならんでいました。尤もそれは間もなく日光にあたってぼろぼろに裂け、度々の出水に次から次と削られては行きましたが、新らしいものも又出て来ました。そしてその根株のまわりから、ある時私たちは四十近くの半分炭化したくるみの実を拾いました。それは長さが二寸位、幅が一寸ぐらい、非常に細長く尖った形でしたので、はじめは私どもは上の重い地層に押し潰されたのだろうとも思いましたが、縦に埋まっているのもありましたし、やっぱりはじめからそんな形だとしか思われませんでした。

それからはんの木の実も見附かりました。小さな草の実もたくさん出て来ました。

——「イギリス海岸」より

化石発掘を体験してみよう

　バタグルミではありませんが、植物や動物の化石の発掘を実際に体験できる場所が、全国にいくつかあります。

大野市化石発掘体験センター HOROSSA!（ホロッサ）（福井県大野市）
▶アクセス→p.152

室内化石発掘体験場

　福井県大野市和泉地区（旧和泉村）には、中生代ジュラ紀中期から白亜紀前期の手取層群、白亜紀後期の足羽層群相当層などの泥岩層が分布しています。これらの層には化石が多く含まれており、各地層から採集された石が体験場に運ばれています。

石の産地別に区画されている

地域によって、アンモナイトが多く出たり、二枚貝がよく出たりと、含まれている化石に傾向があるので、体験場では、安全講習を受けた後、6つのゾーンからエリアを選んで発掘体験を行います。

○中生代白亜紀　恐竜のゾーンA～C（約1億3000万年前）
　良質な植物化石、貝化石や恐竜化石を産出
○中生代ジュラ紀　アンモナイトの海ゾーンD～E
　（約1億6600万年～約1億6000万年前）
　シジミやカキなどの貝化石やアンモナイト化石を産出
○古生代　サンゴの海ゾーンF（約4億4000万年～約2億5000万年前）
　三葉虫、サンゴ、ウミユリなどの化石を産出

体験場で見つかったアンモナイトの化石

植物の化石

アンモナイト化石の一部

瑞浪市化石博物館野外学習地（岐阜県瑞浪市）
▶アクセス→p152

土岐川川原の化石観察地

　岐阜県瑞浪市を流れる土岐川の川原でも化石の発掘体験ができます。まず瑞浪市化石博物館に行って受付をし、立入証をもらってから現地に向かいましょう。

　土岐川川原には、2000万〜1500万年前の新生代中新世の湖や海の底に堆積した地層が分布しています。この地層は瑞浪層群と呼ばれ、その中の泥岩層からは、貝、魚、ほ乳類や植物化石など1500種類が産出すると言われています。

瑞浪市化石博物館。ここでまず許可を受ける

第 2 章 化石を発掘しよう

貝化石を取り出している

植物化石も出ます

二枚貝化石

巻貝化石

化石のでき方

　生物が水中で突然土砂に埋もれると、生物そのもの、あるいはその跡が保存されます。地層の中で長い時間をかけて、より硬くなったり型のみが残ったりしたものが、地殻変動などで隆起し、さらに表面が侵食されて地表に現れてきたものを、私たちは化石として目にすることになります。

化石になる過程

左）貝そのものが残っている貝化石
右）貝そのものはなくなり型のみが残った化石

「銀河鉄道の夜」の獣の化石

「銀河鉄道の夜」にも、化石を掘るシーンがあったよね。

　川上の方を見ると、すすきのいっぱいに生えている崖の下に、白い岩が、まるで運動場のように平らに川に沿って出ているのでした。そこに小さな五六人の人かげが、何か掘り出すか埋めるかしているらしく、立ったり屈んだり、時々なにかの道具が、ピカッと光ったりしました。
「行ってみよう。」二人は、まるで一度に叫んで、そっちの方へ走りました。その白い岩になった処の入口に、
〔プリオシン海岸〕という、瀬戸物のつるつるした標札が立って、向うの渚には、ところどころ、細い鉄の欄干も植えられ、木製のきれいなベンチも置いてありました。[…]
　だんだん近付いて見ると、一人のせいの高い、ひどい近眼鏡をかけ、長靴をはいた学者らしい人が、手帳に何かせわしそうに書きつけながら、鶴嘴をふりあげたり、スコープをつかったりしている、三人の助手らしい人たちに夢中でいろいろ指図をしていました。
「そこのその突起を壊わさないように。スコープを使いたまえ、スコープを。おっと、も少し遠くから掘って。いけない、いけない。なぜそんな乱暴をするんだ。」
　見ると、その白い柔わらかな岩の中から、大きな大きな青じろい獣の骨が、横に倒れて潰れたという風になって、半分以上掘り出されていました。そして気をつけて見ると、そこらには、蹄の二つある足跡のついた岩が、四角に十ばかり、きれいに切り取られて番号がつけられてありました。

第 2 章　化石を発掘しよう

「君たちは参観かね。」その大学士らしい人が、眼鏡をきらっとさせて、こっちを見て話しかけました。
「くるみが沢山あったろう。それはまあ、ざっと百二十万年ぐらい前のくるみだよ。ごく新しい方さ。ここは百二十万年前、第三紀のあとのころは海岸でね、この下からは貝がらも出る。いま川の流れているとこに、そっくり塩水が寄せたり引いたりもしていたのだ。このけものかね、これはボスといってね、おいおい、そこつるはしはよしたまえ。ていねいに鑿でやってくれたまえ。ボスといってね、いまの牛の先祖で、昔はたくさん居たさ。」
「標本にするんですか。」
「いや、証明する[の]に要るんだ。ぼくらからみると、ここは厚い立派な地層で、百二十万年ぐらい前にできたという証拠もいろいろあがるけれども、ぼくらとちがったやつからみてもやっぱりこんな地層に見えるかどうか、あるいは風か水やがらんとした空かに見えやしないかということなのだ。わかったかい。けれども、おいおい。そこもスコープではいけない。そのすぐ下に肋骨が埋もれてる筈じゃないか。」大学士はあわてて走って行きました。

——「銀河鉄道の夜」より

> この部分も、賢治が「イギリス海岸」で生徒たちと獣（動物、恐竜）の化石発掘をしたエピソードがもとになっていると考えられるね。
> さっきの体験施設では植物や貝が多かったけれど、恐竜の化石を実際に発掘体験ができる場所もあるんだよ。

実習　恐竜の化石の発掘を体験しよう

元気村かみくげ　化石発掘体験コーナー（兵庫県丹波市）

▶アクセス→p.152

化石発掘体験場

　丹波市には篠山層群と呼ばれる中生代の地層が分布しています。そのうち篠山川の川床に露出している泥岩層から、2006年、大型草食恐竜「丹波竜」の化石が発見されました。

　丹波竜は学名を「タンバティタニス・アミキティアエ」と言い、2014年8月に竜脚類の新属・新種の恐竜であることがわかりました。竜脚類の中では長い首と尾を持つ体の大きい植物食恐竜ブラキオサウルスが有名です。丹波竜も同じような形態ですが、体長約15mと少し小型です。

　この丹波竜の発掘現場近くに、「元気村かみくげ」という恐竜化石を発掘体験できる施設があります。発見した化石は原則として持ち帰りはできませんが、博物館の研究資料として保管されます。

第 2 章　化石を発掘しよう

カエルの骨の化石

恐竜の骨の一部

貝エビの化石

カエルの骨の化石

恐竜化石発掘現場（発見当時の様子）

恐竜の復元板

「楢ノ木大学士の野宿」「イギリス海岸」の足跡化石

あーあ、長い雨だった。今日はやっと晴れたね。

でも地面がどろどろで、足が汚れちゃったよ。

うまくいけば、くまくんの足跡が化石に残るかもしれないね。

え、実物だけじゃなくて、足跡も化石って言えるの?

むかしの生物の痕跡が地層の中に埋まって保存されているものはたいてい「化石」と言えるよ。

賢治の「楢ノ木大学士の野宿」に、楢ノ木という鉱物学者が恐竜の骨の化石を探しに行って、大きな足跡化石を見つけるシーンがあるね。

「[…] 必ず目的があるのだ。化石じゃなかったかな。ええと、どうか第三紀の人類に就いてお調べを願います、と、誰か云ったようだ。いいや、そうじゃない、白亜紀の巨きな爬虫類の骨骼を博物館の方から頼まれてあるんですがいかがでございましょう、一つお探しを願われますまいかと、斯うじゃなかったかな。斯うだ、斯うだ、ちがいない。さあ、ところでここは白亜系の頁岩だ。もうここでおれは探し出すつもりだったんだ。なるほど、はじめてはっきりしたぞ。さあ探せ、恐竜の骨骼だ。恐竜の骨骼だ。」
学士の影は黒く頁岩の上に落ち大股に歩いていたから踊っているように見えた。海はもの凄いほど青く空はそれより又青く幾きれかのちぎれた

第2章 化石を発掘しよう

雲がまばゆくそこに浮いていた。
「おや出たぞ。」
楢ノ木大学士が叫び出した。その灰いろの頁岩の平らな奇麗な層面に直径が一米ばかりある五本指の足あとが深く喰い込んでならんでいる。所々上の岩のためにかくれているが足裏の皺まではっきりわかるのだ。
「さあ、見附けたぞ。この足跡の尽きた所には、きっとこいつが倒れたまま化石している。巨きな骨だぞ。まず背骨なら二十米はあるだろう。巨きなもんだぞ。」
大学士はまるで雀躍してその足あとをつけて行く。足跡はずいぶん続きどこまで行くかわからない。それに太陽の光線は赭くたいへん足が疲れたのだ。どうもおかしいと思いながらふと気がついて立ちどまったらなんだか足が柔らかな泥に吸われているようだ。堅い頁岩の筈だったと思って楢ノ木大学士はうしろを向いた。そしたら全く愕いた。さっきから一心に跡けて来た巨きな、蟇の形の足あとはなるほどずうっと大学士の足もとまでつづいていてそれから先ももっと続くらしかったが[、]も一つ、どうだ、大学士の銀座でこさえた長靴のあともぞろっとついていた。

　　　　　　　　　　　──「楢ノ木大学士の野宿」より

賢治がこのお話を書いた当時は、日本ではまだ恐竜化石が見つかっていなかったんだ。
日本で最初に恐竜（魚竜）化石が見つかったのは1968年。福島県いわき市の中生代白亜紀の地層から出た、フタバサウルス・スズキイという首長竜の化石だ。賢治が亡くなってから35年も後のことだね。

45

> 賢治は化石にもくわしくて、自分でも化石採集をしたり、授業で化石発掘を体験させたりしていたんだ。「イギリス海岸」でその様子がうかがえるよ。

　ところが、第三に、そのたまり水が塩からかった証拠もあったのです。それはやはり北上山地のへりの赤砂利から、牡蠣や何か、半鹹のところにてでなければ住まない介殻の化石が出ました。そうして見ますと、第三紀の終り頃、それは或は今から五［、］六十万年或は百万年を数えるかも知れません、その頃今の北上の平原にあたる処は、細長い入海か鹹湖で、その水は割合浅く、何万年の永い間には処々水面から顔を出したり又引っ込んだり、火山灰や粘土が上に積ったり又それが削られたりしていたのです。［…］
「先生、岩に何かの足痕あらんす。」
　私はすぐ壺穴の小さいのだろうと思いました。第三紀の泥岩で、どうせ昔の沼の岸ですから、何か哺乳類の足痕のあることもいかにもありうなことだけれども、教室でだって手獣の足痕の図まで黒板に書いたのだし、どうせそれが頭にあるから壺穴までそんな工合に見えたんだと思いながら、あんまり気乗りもせずにそっちへ行って見ました。ところが私はぎくりとしてつっ立ってしまいました。みんなも顔色を変えて叫んだのです。白い火山灰層のひとところが、平らに水で剝がされて、浅い幅の広い谷のようになっていましたが、その底に二つずつ蹄の痕のある大さ五寸ばかりの足あとが、幾つか続いたりぐるっとまわったり、大きいのや小さいのや、実にめちゃくちゃについているではありませんか。［…］
（午后イギリス海岸に於て第三紀偶蹄類の足跡標本を採収すべきにより希望者は参加すべし。）

＊鹹……塩水のこと

——「イギリス海岸」より

第 2 章 化石を発掘しよう

 実習　足跡化石を見学しよう

石川河川敷の足跡化石（大阪府富田林市）

▶アクセス→ p.152

　大阪府富田林市を流れる石川の川原には、約100万年前の地層が出ています。この地層の表面が川の水で洗われると、ゾウやシカの足跡が出てきます。

　最初にこの川原で動物の足跡を見つけたのは、富田林高校の理化部の生徒たちでした（1989年8月）。さっそく同校の地学教員を中心に石川足跡化石発掘調査団が組織され、本格的な発掘を行ったところ、数多くの足跡や立木の化石が見つかりました。その後もこの川原では、大水が発生するたびに新たな足跡が見つかっています。

石川河川敷にある、足跡化石が見つかった場所の説明板

川原に広がる泥岩層

ゾウなどの足跡化石

立ち木化石

賢治の宝石商の夢―樹液の化石

生物の痕跡と言えば、映画『ジュラシックパーク』では、コハクの中に閉じ込められた蚊から、恐竜のDNAを取り出していたよね。

うん、現在もコハクの中の昆虫化石からDNAを検出したり、その体内に残っていた胞子からバクテリアを蘇生させる研究が進んでいるそうだよ。

樹液が化石になるの？

樹液が地中で化学変化を起こして、化石化するんだ。
日本では、装飾品にできるほど質の高いコハクは唯一、岩手県久慈市で産出される。久慈のコハクは世界的に見ても上質なんだよ。
賢治はコハクがけっこう好きだったみたいで、作品にも30ヶ所以上登場するし、宝石商になろうと考えていた頃には、「九戸郡（現久慈市）の琥珀」も扱いたいと父親にあてた手紙に書いているよ。

コハクは樹液の化石なのに、鉱物と言えるの？

厳密には鉱物の定義からは外れるけれど、昔からアクセサリーとして宝石と同じように扱われているね。

第 2 章 化石を発掘しよう

実習 コハクの採掘を体験してみよう

久慈琥珀博物館（岩手県久慈市）

▶アクセス→p.152

琥珀発掘体験場

　久慈琥珀博物館に併設されている琥珀発掘体験場で、実際にへらを使って泥をかき出し、地層からコハクを探すことができます。
　ここで産出するコハクは、恐竜がいた時代である中生代白亜紀（約1億年前）のもので、映画さながらの昆虫化石（昆虫が閉じ込められているコハク）なども見つかっています。

体験場で見つかったコハク

賢治が発見した新種のクルミの化石

賢治はイギリス海岸で新第三紀の泥岩層からたくさんのクルミの化石を採取しました。当時の東北大学地質古生物学教室の早坂一郎博士が化石を調べたところ、新種のクルミ（バタグルミ）であることがわかりました。その時の論文は『地学雑誌』（東京地学協会発行）に発表されました。

日本初の新種のクルミ化石発見者でもある賢治は、いろいろな作品にクルミ化石探しのエピソードを織り込んでいます。星空を旅する物語「銀河鉄道の夜」にも、そのような逸話があります。

新種のクルミの化石（早坂1926、『地学雑誌』38集444号所収）

「おや、変なものがあるよ。」カムパネルラが、不思議そうに立ちどまって、岩から黒い細長いさきの尖ったくるみの実のようなものをひろいました。
「くるみの実だよ。そら、沢山ある。流れて来たんじゃない。岩の中に入ってるんだ。」
「大きいね、このくるみ、倍あるね。こいつはすこしもいたんでない。」
「早くあすこへ行って見よう。きっと何か掘ってるから。」

二人は、ぎざぎざの黒いくるみの実を持ちながら、またさっきの方へ近よって行きました。左手の渚には、波がやさしい稲妻のように燃えて寄せ、右手の崖には、いちめん銀や貝殻でこさえたようなすすきの穂がゆれたのです。

だんだん近付いて見ると、一人のせいの高い、ひどい近眼鏡をかけ、長靴をはいた学者らしい人が、手帳に何かせわしそうに書きつけな

第2章 化石を発掘しよう

がら、鶴嘴をふりあげたり、スコープをつかったりしている、三人の助手らしい人たちに夢中でいろいろ指図をしていました。

「そこのその突起を壊さないように。スコープを使いたまえ、スコープを。おっと、も少し遠くから掘って。いけない、いけない。なぜそんな乱暴をするんだ。」

見ると、その白い柔らかな岩の中から、大きな大きな青じろい獣の骨が、横に倒れて潰れたという風になって、半分以上掘り出されていました。そして気をつけて見ると、そこらには、蹄の二つある足跡のついた岩が、四角に十ばかり、きれいに切り取られて番号がつけられてありました。

「君たちは参観かね。」その大学士らしい人が、眼鏡をきらっとさせて、こっちを見て話しかけました。

「くるみが沢山あったろう。それはまあ、ざっと百二十万年ぐらい前のくるみだよ。［…］」

――「銀河鉄道の夜」より

> その他の化石の観察ができる場所

〈化石発掘体験〉
○ フォッサマグナミュージアム（新潟県糸魚川市）
○ いわきアンモナイトセンター（福島県いわき市）
○ 福井県立恐竜博物館（福井県勝山市）
○ 奈義ビカリアミュージアム（岡山県奈義町）

〈足跡化石観察〉
○ 足跡化石メモリアルパーク（滋賀県湖南市）

実習 「イギリス海岸」の化石レプリカ作り

　白い火山灰層のひとところが、平らに水で剥がされて、浅い幅の広い谷のようになっていましたが、その底に二つずつ蹄の痕のある大さ五寸ばかりの足あとが、幾つか続いたりぐるっとまわったり、大きいのや小さいのや、実にめちゃくちゃについているではありませんか。その中には薄く酸化鉄が沈澱してあたりの岩から実にはっきりしていました。たしかに足痕が泥につくや否や、火山灰がやって来てそれをそのまま保存したのです。私ははじめは粘土でその型をとろうと思いました。一人がその青い粘土も持って来たのでしたが、蹄の痕があんまり深過ぎるので、どうもうまく行きませんでした。私は「あした石膏を用意して来よう」とも云いました。

——「イギリス海岸」より

岩盤に残る足跡化石など、その場から移動させることができない化石や、資料保護のために現物を持ち出せない場合には、化石のレプリカ（模型）を作ることがあるよ。
「イギリス海岸」に出てくる石膏を使うやり方は少々難しいので、ここではより手軽なプラスチック粘土を使った化石のレプリカ作りに挑戦してみよう。

準備するもの

　　レプリカを作りたい化石
　　プラスチック粘土
　　紙粘土もしくは石粉粘土
　　耐熱深皿
　　割りばし
　　80℃くらいのお湯

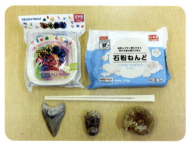

粘土類は100円ショップなどでも購入できる

第 2 章 化石を発掘しよう

作り方

❶ プラスチック粘土を用法どおりにお湯につけ、柔らかくなったら化石に押しつけて数分おく（お湯が熱いので割りばしで取り出す）

❷ 固まったプラスチック粘土を化石からはがすと、凹型ができる

❸ 凹型に紙粘土（石粉粘土）を押し込み、固まるまで待つ

❹ 紙粘土を凹型から取り出し、絵の具で元の化石のような色をつける

53

イギリス海岸の堤から見た晩秋の北上川

第 3 章
岩石を調べよう

宮沢賢治は石が大好きで、
近所の川原に行っては石ころを拾って持ち帰ったため、
「石っ子賢さん」というあだ名までついていたことは有名な話です。
川原の石は、一見どれも同じように見えますが、
よく観察すると、それぞれの色や粒の組み合わせに特徴があるのがわかるでしょう。
それらは、石が大地の中でどのようにできたかに深くかかわっています。
身近な川原できれいな石を探し、どんな種類の石か調べてみましょう。

「或る農学生の日誌」の岩石標本と高師小僧

一九二五、[…] 四月二日　水曜日　晴
　今日は三年生は地質と土性の実習だった。斉藤先生が先に立って女学校の裏で洪積層と第三紀の泥岩の露出を見てそれからだんだん土性を調べながら小船渡の北上の岸へ行った。河へ出ている広い泥岩の露出で奇体なギザギザのあるくるみの化石だの赤い高師小僧のたくさん拾った。それから川岸を下って朝日橋を渡って砂利になった広い河原へ出てみんなで鉄鎚でいろいろな岩石の標本を集めた。河原からはもうかげろうがゆらゆら立って向うの水などは何だか風のように見えた。河原で分れて二時頃うちへ帰った。
　そして晩まで垣根を結って手伝った。あしたはやすみだ。

――「或る農学生の日誌」より

あれ、たぬき君いっぱい石を抱えてどうしたの？

さっき川原で石を拾ったんだ。いろんな色があっておもしろいよ。

「或る農学生の日誌」みたいだね。これだけ多くの種類の石があれば、岩石標本が作れるんじゃないかな。

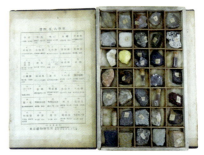

賢治の時代に使用されていた尋常小学校4, 5, 6年生用鉱物岩石標本（1マス 2cm四方）

第3章 岩石を調べよう

 川原の石で標本を作ろう

地質を調べる

　川原の石は上流から流れにのって運ばれてくるので、上流の地質によって、川原の石の種類も異なります。事前に上流の地域の地質を調べれば、その川原でどんな種類の石が見つかるか見当をつけることができます。

　地質を調べるには、産総研地質調査総合センターのホームページで公開されている「地質図Navi」を利用するのが便利です。このシステムで全国の地質が年代ごとに色分けされて地図上に表示されます。

　画面上部のバー中央にある「凡例表示」をオンにした状態でそれぞれの色分けされたエリアをクリックすると、そのエリアの地表がどの時代の地層か、またどんな岩石でできているかが凡例ウィンドウに表示されます。

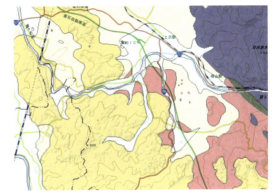

花巻東部周辺の地質分布

標本箱を用意する

　岩石標本を作るには、それぞれの石の大きさをそろえる必要があります。あまり大きいと個人で持つにはかさばるので、3cm四方のマスに収まるくらいがいいと思います。

　この大きさなら、100円ショップなどでも標本箱として使える仕切りのついたディスプレイ箱が手に入ります。

100円ショップで購入した木箱。透明なアクリルのふたがついており、3cm大の石を9個入れることができる

57

川原で石を探す

　川原に出るといろいろな大きさや色の石が見つかります。その中から大きさがほぼ同じで、種類が異なると思われる石を集めます。

石を分類する

　次のフローチャートに沿って、拾った石にどのような特徴があるかを観察し、主な岩石に分類してみましょう。

川原の石を見分けよう

※火山性の堆積岩は省いています

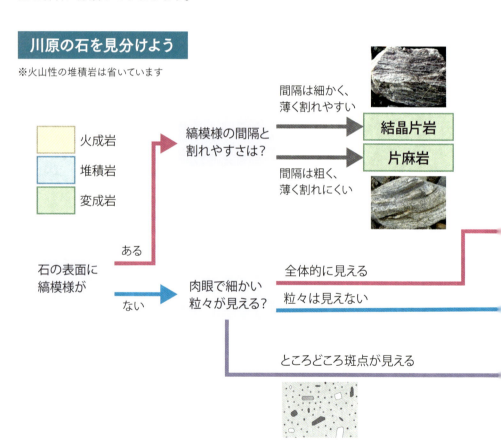

第3章 岩石を調べよう

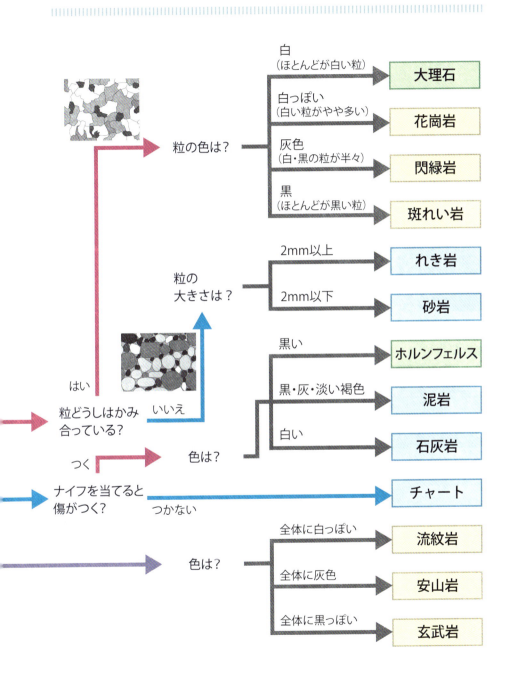

岩石の種類とでき方

分類した岩石のでき方や特徴を調べましょう。

●火成岩（マグマが冷え固まった石）

●堆積岩（水底などに溜まってできる）

第3章 岩石を調べよう

●変成岩（熱や圧力で変成した石）

ホルンフェルス　　大理石　　片麻岩　　　熱で変化

結晶片岩類　——　圧力で変化

各地方の代表的な川と観察できる主な石

◎ 北海道　石狩川（安山岩、閃緑岩、砂岩、泥岩、結晶片岩、緑色岩など）
◎ 東　北　北上川（安山岩、れき岩、砂岩、泥岩、チャート、石灰岩など）
◎ 関　東　多摩川（閃緑岩、れき岩、砂岩、石灰岩、凝灰岩など）
◎ 北　陸　九頭竜川（流紋岩、片麻岩、砂岩、泥岩など）
◎ 中　部　天竜川（花崗岩、閃緑岩、れき岩、砂岩、泥岩、結晶片岩）
◎ 近　畿　木津川（花崗岩、閃緑岩、ホルンフェルス、砂岩、チャートなど）
◎ 中　国　太田川（花崗岩、閃緑岩、砂岩、泥岩、結晶片岩など）
◎ 四　国　吉野川（砂岩、チャート、結晶片岩、緑色岩など）
◎ 九　州　球磨川（れき岩、砂岩、チャート、石灰岩、結晶片岩など）

＊観察や標本に手頃な大きさの石を探すなら川の中流域がおすすめ。上流では石が大きすぎ、下流だと砂ばかりであることが多い。

61

実習　高師小僧を探そう

「河に出ている広い泥岩の露出」とか、「くるみの化石」を拾ったとか……、「或る農学生の日誌」に書いてあるのって、イギリス海岸のことかな？

うん、賢治の実際の体験がもとになっている可能性が高いね。

この、「高師小僧」っていうのはなんだろう？

……人間の子どもが落ちてるわけじゃないよね？

怖いこと言わないでよ！

高師小僧というのは、植物の根の周りに地下水の中の鉄分が集まってできる細長い棒状の褐鉄鉱のことなんだ。たいてい中心にあった根が腐って穴だけが残るので、シガークッキーみたいな見た目だね。

高師小僧。中心の植物の根が残っているものもある

第3章 岩石を調べよう

　「高師小僧」というユニークな名前の由来は、最初に見つかった場所が愛知県豊橋市の高師原であることと、人型のような標本が見つかり、それを小僧に見立てたことによります。
　高師小僧は全国各地で見つかっており、主に第四紀の粘土層に含まれていることが多いようです。高師原をはじめ、いくつかの地域の高師小僧は天然記念物に指定されています。

木津川の高師小僧探し（京都府八幡市）　▶アクセス→p.153

　川原には砂や小石がたくさん堆積しています。その川原を歩き回って褐色の棒状のものを探しましょう。太さや長さもいろいろあります。中には色が黒っぽくなっているものもあります。
　木津川以外でもよく見つかる鉱物なので、探してみましょう。

いろいろな形の高師小僧

63

「孤独と風童」のみかげ石

イギリス海岸だけじゃなくて、盛岡の岩手公園にも、賢治が蛭石を拾ったっていう岩があったよね。

まるい花崗岩の大きな岩だね。花崗岩は「みかげ石」とも呼ばれていて、北上山地を中心に、岩手県に広く分布しているんだ。

一九二四、一一、二三、

シグナルの
赤いあかりもともったし
そこらの雲もちらけてしまう
プラットフォームは
Yの字をした柱だの
犬の毛皮を着た農夫だの
きょうもすっかり酸えてしまった

東へ行くの？
白いみかげの胃の方へかい
そう
では　おいで
行きがけにねえ
向うの
あの
ぼんやりとした葡萄いろのそらを通って
大荒沢やあっちはひどい雪ですと

みかげ石。全体に白っぽく、黒や灰色の鉱物が混じっている

第3章　岩石を調べよう

ぼくが云ったと云っとくれ
では
さようなら

————「孤独と風童」(『春と修羅 第二集』) より

　賢治の詩「孤独と風童」に出てくる「白いみかげの胃の方へ」というのは、花巻市の東にある北上高地の花崗岩の分布が、ちょうど人間の胃袋のような形をしていることを指していると、宮城一男氏が著書で明らかにしています (1989年)。

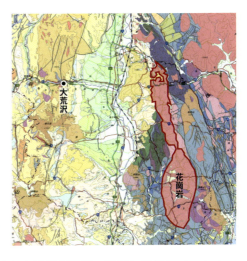

　また、「大荒沢やあっちはひどい雪です」というのは、花巻の西にある奥羽山脈の中の大荒沢のことです。奥羽山脈は東北地方のほぼ中心を南北に走る山脈で、冬季の降雪の多い日本海側気候と、乾いた冷たい風の吹く太平洋側気候の境界に位置しています。より海側の北上山地に比べ、雪が多く降ることもあります。

　賢治は、短い詩の中にも、このような地質や地理的な位置関係を巧みに取り入れていたと言えるでしょう。

岩の分布を胃に見立てるなんて、おもしろいね。ところでどうして「みかげ石」って言うんだろう？

「みかげ石」の名前は兵庫県の御影という石の産地に由来しているんだ。賢治の時代にはすでに、花崗岩の漢字に「みかげいし」と振り仮名がふられるくらい、全国的に有名だったんだよ。

65

みかげ石の故郷を訪ねよう

住吉川のみかげ石観察（兵庫県 東灘区）　▶アクセス→p.153

　兵庫県東灘区御影の北には、六甲山地が広がっています。この山から切り出された花崗岩は、すぐ南側に広がる御影の浜から、船で全国に出荷されていました。花崗岩の産地として御影が有名になったので、花崗岩じたいを一般に「みかげ石」と呼ぶようになったのです。

　花崗岩の多くは白っぽい色をしていますが、本場の「みかげ石」は淡いピンク色がかった色合いをしています。そのような花崗岩は「本みかげ」や「花みかげ」と呼ばれます。

ややピンクがかった御影産の「本みかげ」

　東西に長い六甲山地のほぼ全体が花崗岩でできているので、花崗岩の分布も、下の地質図のように東西に延びています。賢治だったらこの分布の形を何にたとえたでしょう。

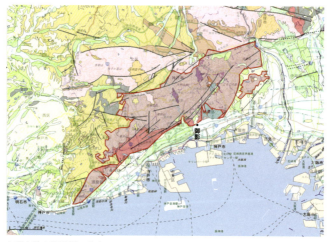
六甲山地の花崗岩の分布

第3章 岩石を調べよう

兵庫県東灘区を流れる住吉川の源流は六甲山地の頂上付近で、花崗岩の山地を通り、山地を出た御影付近で扇状地を作って、その後海に注いでいます。

阪急御影駅周辺の住宅地のほとんどの石垣には御影産の花崗岩が使われています。また、水力でうすを回して酒米の精米や灯油の油絞りを行うため、江戸時代には住吉川沿いに「灘目の水車」が多く造られました（灘目はこの地方の旧郷名）。水車の部品やうすもみかげ石で造られ、付近では復元された水車やうすを観察できます（アクセス地図を参照）。

住吉川へは、新落合橋のすぐ上流側の道から川原へ下りられます。淡いピンク色の「本みかげ」を探してみましょう。

住吉川の川原。川原の石はほとんどが花崗岩

淡い褐色をした川原の本みかげ石

川原のすぐ西にある白鶴美術館。入口の両側には立派な御影石が使われている

灘目の水車。車軸にみかげ石が使われている

「高架線」の蛍石

賢治の作品にはたくさん鉱物が出てくるね。「十力の金剛石」では宝石が降ってくるし、「楢ノ木大学士の野宿」では、花崗岩の中の鉱物の会話が聞こえてくるんだよね。

「石っこ賢さん」と呼ばれていただけあって、賢治は鉱物が特に好きだったみたいだね。中には、身近な場所で実際に採集できる鉱物もあるよ。

> ぱっとのぼるはしろけむり
>
> 銀のモナドのけむりなり
>
> 海風はいま季節風に交替し
>
> ひるがえる　ひるがえる黄の朱子(サティン)
>
> ゆるるはサリックスバビロニカ
>
> ひかるはブラスの手すりの穂
>
> ひかるはブラスの手すりのはしら
>
> 　二きれ鯖(さば)ぐもそらにうかんで
>
> 　ガラスはおのずと蛍石片にかわるころ
>
> 　　　　　　　　　　——「高架線」より

　賢治の詩「高架線」に登場する蛍石は、熱すると蛍のように光を発する鉱物で、産地によっては、紫外線を当てると蛍光を発する場合があります。
　レンズの材料や製鉄溶剤になるので、日本でも蛍石が採掘されていましたが、今はすべて閉山しています。そのうちのひとつ、笹洞(ささほら)鉱山では、蛍石の採集体験ができます。

第 3 章 岩石を調べよう

 実習 蛍石を採集しよう

ほたる石鉱山ミネラルハンティングガイドツアー（岐阜県下呂市）

▶アクセス→p.153

鉱山施設跡

　岐阜県下呂市金山町菅田笹洞では、この地域にあった蛍石鉱山跡（笹洞鉱山）を利用して蛍石発掘体験ツアーが行われています。

　笹洞鉱山は1960年から蛍石の採掘を開始し、最盛期は月産700トンを採掘していましたが、1971年に閉山しました。その時採掘した残土が山に残されていて、このツアーでは、その残土の中から蛍石を探します。

写真右手の穴が笹洞蛍石鉱山坑道跡

このような谷川の中から蛍石を探す

かつて笹洞鉱山で採掘していた大きな蛍石

蛍石とメノウが合わさっている

ここの蛍石は紫外線を当てると紫に光る性質があるので、ハンディタイプの紫外線ライトを持っていくと便利

> その他の鉱山跡坑道見学場所

　日本にはかつて多くの鉱山がありました。賢治の時代には、鉱山から採掘されるさまざまな鉱物資源が日本の近代化を支えていたのです。
　現在では稼働している鉱山はわずか数ヶ所のみとなりましたが、閉山後の鉱山跡を観光施設として公開しているところもあります。坑道を見学すると、資源としての鉱物の重要性や、その採掘規模の大きさ、労働の様子などがよくわかります。

○ 尾去沢鉱山（秋田）　坑道見学　室内砂金採り体験あり
○ 天平ロマン館（宮城）　室内砂金採り体験
○ 細倉マインパーク（宮城）　坑道見学　室内砂金採り体験

第 3 章　岩石を調べよう

- 相川金銀山（新潟）　坑道見学
- 土肥金山（静岡）　坑道見学 室内砂金採り体験
- 生野銀山（兵庫）　坑道見学 室内砂金採り体験
- 明延鉱山（兵庫）　坑道見学
- 別子銅山（愛媛）　坑道見学 室内砂金採り体験
- 鯛生金山（大分）　坑道見学 室内砂金採り体験
- 池島炭鉱（長崎）　坑道見学

尾去沢

天平

土肥

生野

明延

別子

鯛生

池島

「岩手軽便鉄道七月(ジャズ)」の砂鉱

坑道見学ができる施設は、室内で砂金採り体験ができるところが多いね。

椀掛け法(パンニング)というやり方で、比較的やさしく鉱物を探すことができるからかもしれないね。もしかしたら、近くの川でも砂金が見つかるかもしれないよ。特に東北地方や北海道は、砂金の見つかる川が多いんだ。

ぎざぎざの斑糲岩の岨づたい／膠質のつめたい波をながす
北上第七支流の岸を／せわしく顫えたびたびひどくはねあがり
まっしぐらに西の野原に奔けおりる
岩手軽便鉄道の／今日の終りの列車である
ことさらにまぶしそうな眼つきをして
夏らしいラヴスィンをつくろうが
うつうつとしてイリドスミンの鉱床などを考えようが
木影もすべり／種山あたり雷の微塵をかがやかし
列車はごうごう走ってゆく／おおまつよいぐさの群落や
イリスの青い火のなかを／狂気のように踊りながら
第三紀末の紅い巨礫層の截り割りでも
ディアラヂットの崖みちでも
一つや二つ岩が線路にこぼれてようと
積雲が灼けようと崩れようと／こちらは全線の終列車
シグナルもタブレットもあったもんでなく
とび乗りのできないやつは乗せないし
とび降りぐらいやれないものは／もうどこまででも連れて行って
北極あたりの大避暑市でおろしたり

第3章 岩石を調べよう

> 銀河の発電所や西のちぢれた鉛の雲の鉱山あたり
> ふしぎな仕事に案内したり
> 谷間の風も白い火花もごっちゃごちゃ
> 接吻(キス)をしようと詐欺(サギ)をやろうと
> ごとごとぶるぶるゆれて顫える窓の玻璃(ガラス)
> 二町五町の山ばたも／壊れかかった香魚(あゆ)やなも
> どんどんうしろへ飛ばしてしまって
> ただ一さんに野原をさしてかけおりる
> 本社の西行各列車は／運行敢(あ)て軌(き)によらざれば
> 振動けだし常ならず／されどまたよく鬱血(うっけつ)をもみさげ
> ……Prrrrr Pirr!……
> 心肝をもみほごすが故に／のぼせ性こり性の人に効あり
> そうだやっぱりイリドスミンや白金鉱区の目論見(やまもくろみ)は
> 鉱染(こうせん)よりは砂鉱(さこう)の方でたてるのだった
>
> ＊イリドスミン……イリジウムとオスミウムの合金で、自然白金の一種。単体の白金は非常に希少なので、天然に産出されるのはほとんどがイリドスミンである。
>
> ──「岩手軽便鉄道七月(ジャズ)」より

「鉱区の目論見は鉱染よりは砂鉱の方で」というのは、イリドスミンや白金は比重が大きいため、岩石の中に鉱物が集まっている鉱染鉱床よりも、流水で運ばれて川砂のある部分に集まる漂砂(ひょうさ)鉱床の方が見つかりやすいだろうということを意味しています。このイリドスミンや白金を川砂からより分ける方法として、古くから椀掛け法(パンニング)が行われてきました。

> イリドスミンや白金はどこでも見つかるとは言えないけれど、砂金なら比較的多くの川で見つけることができるから、川原で砂金採りに挑戦してみよう。

川砂から砂金を探してみよう

大樹町の砂金採り体験（北海道大樹町）

▶アクセス→p.153

歴舟川川原でパン皿を使って砂金を探す様子

　椀掛け法（パンニング）では、椀もしくはパンと呼ばれるお皿で川砂を回しながら砂と鉱物をより分けますが、大樹町では、北海道で古くから行われてきたユリ板を使っての砂金採集が体験できます。

　「道の駅コスモール大樹」で採集道具であるユリ板とカッチャを借り、カムイコタン公園キャンプ場から歴舟川の川原に出て、砂金を探しましょう（詳細はアクセスページを参照）。

カッチャとユリ板

キャンプ場横の歴舟川

第 3 章 岩石を調べよう

❶ カッチャで川砂利を掘り下げ、岩盤に当たったら、その直上の砂利をすくってユリ板の上に入れる

❷ ユリ板を水の中で揺すりながら比重の軽い砂利を流していく

❸ 残った砂の中から金色の砂金を探す

＊比重……水の密度を1とした時、ある質量が何倍になるかを表す比。多くの岩屑は 2 ～ 3（水の 2~3 倍）であるのに対し、砂金は約 19 と極端に大きいため、パンニングをすると皿に残りやすい。

ユリ板でなくパン皿を使ってもいい

最後に残った粒のうち、黒いものは磁鉄鉱、金色に光るものが砂金

> その他の砂金採集ができる体験場や自然河川

　自然河川で、実際の砂金採りに近い条件で体験できる施設はあまり多くはありませんが、個人的に川原に出かければ、砂金が見つかりやすい川は全国にあります。

○ ウソタンナイ砂金採掘公園（北海道枝幸郡浜頓別町字宇曽丹）
○ 佐渡西三川ゴールドパーク（新潟県佐渡市西三川）
○ 登米沢（とよまざわ）（宮城県気仙沼市本吉町）
○ 犀川（さい）（石川県金沢市辰巳町）
○ 足羽川（あすわ）（福井県福井市市波町）
○ 加古川（兵庫県小野市市場、下来住町）など

※これらの川原での採集地へのアクセスは『ひとりで探せる川原や海辺のきれいな石の図鑑』シリーズ（創元社、第2巻まで刊行）に掲載されています。

登米沢

犀川

足羽川

加古川

「阿耨達池幻想曲」の高温水晶

すごい、自分で川原で砂金を見つけられるんだね。

パンニングのやり方を覚えれば、例えばガーネットやサファイア、かんらん石なんかも川砂から探し出すことができるよ。もう一つ、賢治の作品ゆかりの鉱物を探しに行ってみようか。

まっ白な石英の砂

音なく湛えるほんとうの水

もうわたくしは阿耨達池(あのくだっち)の白い渚(なぎさ)に立っている

砂がきしきし鳴っている

わたくしはその一つまみをとって

そらの微光にしらべてみよう

すきとおる複六方錐(ふくろっぽうすい)

人の世界の石英安山岩(デサイト)か

流紋岩(リパライト)から来たようである

わたくしは水際に下りて

水にふるえる手をひたす

　　　……こいつは過冷却の水だ

　　　　氷相当官(そうとうかん)なのだ……

いまわたくしのてのひらは

魚のように燐光(りんこう)を出し

波には赤い条がきらめく

＊阿耨達池……仏典に記されている想像上の池。

　　　　　　　　　　　　――「阿耨達池幻想曲」より

この詩に登場する「複六方錐」とは、図のように六角錐が2つ底面で合わさったような形のことで、高温石英（高温水晶）の特徴的な結晶構造です。
　水晶は、石英という川砂に多く含まれる白っぽい鉱物のうち、六角形の柱状の結晶形を持つもののことを言います。普通、石英はマグマの

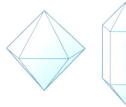

水晶の結晶構造の模式図。左が高温石英、右が普通の水晶。

温度が573℃以下まで下がった時に結晶を始めますが、火山岩の中などでそれ以上の温度で結晶してできたものは高温石英と呼ばれ、多くの場合、複六方錐形をしています。
　詩の中に登場する石英安山岩や流紋岩は石英を多く含む火山岩なので、実際にこれらの岩の中から高温石英が見つかることがあります。

　産総研の地質図ナビ（→p.157）などで安山岩や流紋岩が多く分布する地域を調べ、その地域を流れる川に行くと、川原の砂に岩から外れた高温水晶が含まれていることがあります。

　もともと高温状態でできる鉱物なので、地表の温度では冷えて不安定になり、ひび割れなどを起こして壊れやすくなります。そのため、なかなか完全な複六方錐形のものは見つかりませんが、中には模式図のような完全な形のものも見つかるでしょう。

流紋岩の中に見られる高温水晶（上）と、取り出した結晶（下）

第 3 章 岩石を調べよう

実習　複六方錐の結晶粒を探そう

木津川の結晶探し（京都府八幡市）　▶アクセス→p.154

八幡市付近の木津川の川原

❶ 川原に出ると砂が広く分布している。その砂をパンニングして、白っぽい石英砂をより分ける。

❷ 石英砂を持ち帰って乾かし、ルーペで観察しながらさらにより分ける。透明できれいな結晶形を持つものが水晶、そのうち複六方錐の粒が高温石英である。

川砂を洗って集めた石英砂。それぞれ 2〜3 ㎜

石英砂からより分けた複六方錐の粒。それぞれ 3 ㎜

79

実習 「台川」の柱状節理を再現してみよう

　みんなわかるんだな。これは。向うにも一つ滝があるらしい。うすぐろい岩の。みんなそこまで行こうと云うのか。草原があって春木も積んである。ずいぶん遡ったぞ。ここは小さな段だ。
「ああ云う岩のすき間のごと何て云うのだたべな。習ったたんとも。」
〔やっぱり裂け目です。裂け目でいいんです。〕習ったというのは節理だな。節理なら多面節理、これを節理と云うわけにはいかない。裂罅だ。やっぱり裂け目でいいんだ。

——「台川」より

東尋坊（福井県）の柱状節理

> 「台川」に登場する「節理」とは、岩に見られる規則的な割れ目（ズレを起こしていないもの）のことで、板状の割れ目がたくさんできている場合は多面節理（板状節理）、柱のような形にできる割れ目は柱状節理と言うよ。身近な道具を使って、マグマが冷え固まる時にできる節理のでき方を再現してみよう。

第 3 章　岩石を調べよう

> 準備するもの
>
> 片栗粉、アルミホイル、水、
> アルコール、食用竹炭粉
> （あれば）

作り方

❶ 片栗粉 50g に、岩らしい色をつけるため小さじ1/3程度の食用竹炭粉を入れ、水 25 g とアルコール 25g を加えてよく混ぜる。竹炭粉はなければ入れなくてもいい。

❷ 全体になめらかな状態になったら、そのまま数日陽の当たるところに放置して乾燥させる。早く乾燥させたい時は、容器ごとホットプレートの上に置き、「弱」の出力で温める。急激に熱するととろみが出てしまうので注意。

❸ 乾燥すると、表面に多角形のひび割れができる。割れ目ごとに片栗粉を取り出すと、割れ目の下に柱状の構造ができているのがわかる。

賢治は1916年、盛岡高等農林学校の修学旅行で大阪府柏原市の農商務省農事試験場の畿内支場を訪れた。JR柏原駅前には当時の駅舎の敷石がモニュメントとして残されている

第 **4** 章

大地の活動を読み解こう

地球の表面は、プレートと呼ばれるいくつかの硬い地面の殻で覆われています。
私たちの住む日本は、そのうち4つものプレートがぶつかり合い、
地球の中心の方へ沈み込んでいる場所にあたります。
そのため日本は美しい山並みや渓谷、また各地の名水や温泉に恵まれる一方で、
時に恐ろしい地震や火山噴火も多く発生します。
これらはどれも、大地のはたらきを示しているのです。

「イギリス海岸」の地史を読み解く

鉱物探しのために地質図や地図を見ていると、そこがどんな地形で、どうしてそんな地形になったのか知りたくなってくるなあ。

等高線が入っている地図があれば、断面図を作っておおまかな地形を知ることができるよ。

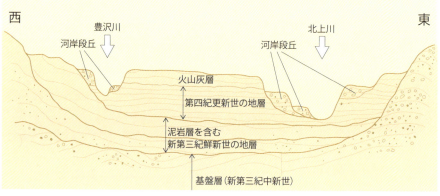

賢治が掛図として作った図面に、地質年代名を記入した図
(高村毅一、宮城一男編『宮沢賢治科学の世界』を参考に筆者作成)

ある土地を垂直に切り取ったとしたらその断面がどう見えるかを示した図のことだね。

これは賢治が授業で使う掛図(地図や標本の絵などを掛け軸のようにした教材)として作った花巻市の地質断面図だよ。この図を読み解く説明が「イギリス海岸」に書かれているから、その部分を読んでみよう。

第4章 大地の活動を読み解こう

　私たちにとっては、どうしてもその白い泥岩層をイギリス海岸と呼びたかったのです。

　それに実際そこを海岸と呼ぶことは、無法なことではなかったのです。なぜならそこは第三紀と呼ばれる地質時代の終り頃、たしかにたびたび海の渚だったからでした。その証拠には、第一にその泥岩は、東の北上山地のへりから、西の中央分水嶺の麓まで、一枚の板のようになってずうっとひろがって居ました。ただその大部分がその上に積った洪積の赤砂利や壚垆、それから沖積の砂や粘土や何かに被われて見えないだけのはなしでした。それはあちこちの川の岸や崖の脚には、きっとこの泥岩が顔を出しているのでもわかりましたし、又所々で掘り抜き井戸を穿ったりしますと、じきこの泥岩層にぶっつかるのでもしれました。

　第二に、この泥岩は、粘土と火山灰とまじったもので、しかもその大部分は静かな水の中で沈んだものなことは明らかでした。たとえばその岩には沈んでできた縞のあること、木の枝や茎のかけらの埋もれていること、ところどころにいろいろな沼地に生える植物が、もうよほど炭化してはさまっていること、また山の近くには細かい砂利のあること、殊に北上山地のへりには所々この泥岩層の間に砂丘の痕らしいものがはさまっていることなどでした。そうして見ると、いま北上の平原になっている所は、一度は細長い幅三里ばかりの大きなたまり水だったのです。

　ところが、第三に、そのたまり水が塩からかった証拠もあったのです。それはやはり北上山地のへりの赤砂利から、牡蠣や何か、半鹹のところにでなければ住まない介殻の化石が出ました。そうして見ますと、第三紀の終り頃、それは或は今から五[、]六十万年或は百万年を数えるかも知れません、その頃の今の北上の平原にあたる処は、細長い入海か鹹湖で、その水は割合浅く、何万年の永い間には処々水面から顔を出したり又引っ込んだり、火山灰や粘土が上に積ったり又それが削られた

りしていたのです。その粘土は西と東の山地から、川が運んで流し込んだのでした。その火山灰は西の二列か三列の石英粗面岩の火山が、やっとしずまった処ではありましたが、やっぱり時々噴火をやったり爆発をしたりしていましたので、そこから降って来たのでした。

　その頃世界には人はまだ居なかったのです。殊に日本はごくごくこの間、三[、]四千年前までは、全く人が居なかったと云いますから、もちろん誰もそれを見てはいなかったでしょう。その誰も見ていない昔の空がやっぱり繰り返し繰り返し曇ったり又晴れたり、海の一とこがだんだん浅くなってとうとう水の上に顔を出し、そこに草や木が茂り、ことにも胡桃の木が葉をひらひらさせ、ひのきやいちいがまっ黒にしげり、しげったかと思うと忽ち西の方の火山が赤黒い舌を吐き、軽石の火山礫は空もまっくらになるほど降って来て、木は圧し潰され、埋められ、まもなく又水が被さって粘土がその上につもり、全くまっくらな処に埋められたのでしょう。考えても変な気がします。そんなことほんとうだろうかとしか思われません。ところがどうも仕方ないことは、私たちのイギリス海岸では、川の水からよほどはなれた処に、半分石炭に変った大きな木の根株が、その根を泥岩の中に張り、そのみきと枝を軽石の火山礫層に圧し潰されて、ぞろっとならんでいました。尤もそれは間もなく日光にあたってぼろぼろに裂け、度々の出水に次から次と削られては行きましたが、新らしいものも又出て来ました。そしてその根株のまわりから、ある時私たちは四十近くの半分炭化したくるみの実を拾いました。それは長さが二寸位、幅が一寸ぐらい、非常に細長く尖った形でしたので、はじめは私どもは上の重い地層に押し潰されたのだろうとも思いましたが、縦に埋まっているのもありましたし、やっぱりはじめからそんな形だとしか思われませんでした。

　それからはんの木の実も見附かりました。小さな草の実もたくさん出

第4章 大地の活動を読み解こう

> て来ました。この百万年昔の海の渚に、今日は北上川が流れています。
> 昔、巨きな波をあげたり、じっと寂まったり、誰も誰も見ていない所でい
> ろいろに変ったその巨きな鹹水の継承者は、今日は波にちらちら火を点
> じ、ぴたぴた昔の渚をうちながら夜昼南へ流れるのです。
>
> ——「イギリス海岸」より

　引用部分では、北上川の川岸を「イギリス海岸」と呼んでもおかしくないことが3つの理由をあげて説明されています。
　この説明をさきほどの掛図にあてはめると、イギリス海岸に現れる白い泥岩層は、新第三紀鮮新世の地層が川底に現れたものと言えます。
　また、その泥岩層を覆い隠している地層のうち、作品中では「洪積の赤砂利や壚坶」とされているのは更新世の、「沖積の砂や粘土」だとされているのは火山灰層や河岸段丘のことと考えられます。

　次に、色別等高線図を見てみましょう。盛岡や花巻がある、南北に延びる黄緑のエリアが、作品中で「細長い入海か鹹湖」と表現されている部分です。
　現在は北上川に沿った低地で、川床や河岸段丘が分布しています。

> 二次元で描かれた地図（地形図）では実際の地形の起伏などがイメージしにくい時は、自分で断面図を作ってみよう。

花巻市付近の地形断面図を作ってみよう

　賢治にならって、花巻付近の地形がどうなっているか、東西の地形断面図を作って調べてみましょう。

作り方

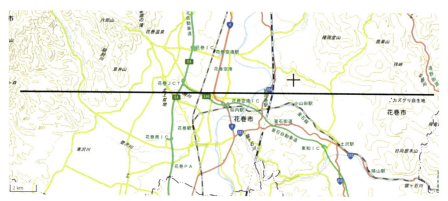

❶ 地図の断面を作りたい範囲に直線（断面線）を引く。地図を汚したくない場合は、インクが消せるペンを使うか、トレーシングペーパーを重ねてその上に書く。

❷ 断面線と等高線が交わる場所を探して、目印の点を打っておく。

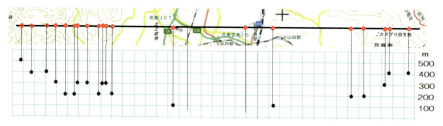

❸ 高度を示す目盛りを打ったグラフ用紙を地図にあて、②で打った等高線と断面線との交点から、それぞれの高度の目盛りまでグラフ用紙に線を下ろす。

第 4 章　大地の活動を読み解こう

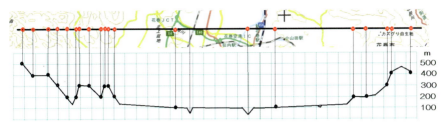

❹ 断面図のグラフに打った点を地形図を参考にしながら線で結ぶ。

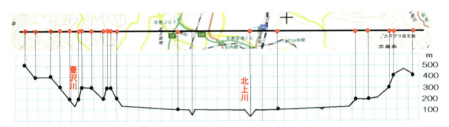

❺ 地図を見ながら、川や山などの名前を書き入れる。賢治の掛図の模式断面図と比べてみよう。

> 賢治と同じ地質断面図まで作るにはいろいろな地質調査が必要だけど、こうすれば、地図から地形断面図を作って実際の地形の様子を知ることができるよ。
> また、国土地理院ホームページの「国土地理Web」には、断面線を入れると、自動的にその範囲の断面図を描いてくれる機能もあるよ。

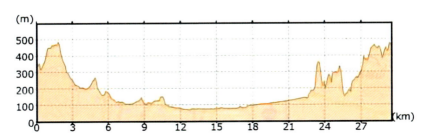

国土地理Webで作成した断面図

「泉ある家」の断層泉

地質図を見ていると、ところどころまっすぐに地質が切り替わっているところがあるんだけど、これはなぜなんだろう。

地質図Naviで見ているのなら、「データ表示」の欄から「活断層データ」をクリックしてごらん。

あっ！ 地質の境目に赤い線がついた。

地質がまっすぐ切り替わっているところは、そこに断層（→p.9）が走っていることが多いんだ。つまり、地震によって地層がずれた跡ということだね。

　二人は早く重い岩石の袋をおろしたさにあとはだまって県道を北へ下った。
　道の左には地図にある通りの細い沖積地が青金の鉱山を通って来る川に沿って青くけむった稲を載せて北へ続いていた。山の上では薄明穹の頂が水色に光った。俄かに斉田が立ちどまった。道の左側が細い谷になっていてその下で誰かが屈んで何かしていた。見るとそこはきれいな泉になっていて粘板岩の裂け目から水があくまで溢れていた。
（一寸おたずねいたしますが、この辺に宿屋があるそうですがどっちでしょうか。）
　浴衣を着た髪の白い老人であった。その着こなしも風采も恩給でもとっている古い役人という風だった。蕗を泉に浸していたのだ。
（宿屋ここらにありません。）
（青金の鉱山できいて来たのですが、何でも鉱山の人たちなども泊めるそうで。）

第４章　大地の活動を読み解こう

　老人はだまってしげしげと二人の疲かれたなりを見た。二人とも巨き
な背嚢をしょって地図を首からかけて鉄槌を持っている。そしてまだまる
での子供だ。
（どっちからお出でになりました。）
（郡から土性調査をたのまれて盛岡から来たのですが。）
（田畑の地味のお調べですか。）

（まあそんなことで。）
　老人は眉を寄せてしばらく群青いろに染まった夕ぞらを見た。それか
らじつに不思議な表情をして笑った。
（青金で誰か申し上げたのはうちのことですが、何分汚ないし、いろいろ
失礼ばかりあるので。）（いいえ、何もいらないので。）

（それではそのみちをおいでください。）
　老人はわずかに腰をまげて道と並行にそのまま谷をさがった。五［、］
六歩行くとそこにすぐ小さな柾屋があった。みちから一間ばかり低くなっ
て蘆をこっちがわに塀のように編んで立てていたのでいままで気がつか
なかったのだ。老人は蘆の中につくられた四角なくぐりを通って家の横に
出た。二人はみちから家の前におりた。［…］
（いまお湯をもって来ますから。）老人はじぶんでとりに行く風だった。（い
いえ。さっきの泉で洗いますから、下駄をお借りして）老人は新らしい
山桐の下駄とも一つ縄緒の栗の木下駄を気の毒そうに一つもって来た。
（どうもこんな下駄で。）（いいえもう結構で。）

　二人はわらじを解いてそれからほこりでいっぱいになった巻脚絆をた
たいて巻き俄かに痛む膝をまげるようにして下駄をもって泉に行った。泉
はまるで一つの灌漑の水路のように勢よく岩の間から噴き出ていた。斉
田はつくづくかがんでその暗くなった裂ケ目を見て云った。（断層泉だな）
（そうか。）

　　　　　　　　　　　　　　　　　　　　──「泉ある家」より

「泉ある家」は、賢治が稗貫郡からの依頼で土性調査を行った経験をもとに作られています。「青金の鉱山」は実際にある赤金鉱山（岩手県奥州市江刺区）をもじったものと言われています。

断層泉

　二人の調査員が宿を頼んだ家には、「断層泉」がありました。
　断層泉とは、地震によってずれた岩石や地層の割れ目（断層）を伝って、地下水が地表に噴き出したものです。このように、断層が走っている場所には、往々にして湧き水が見られます。

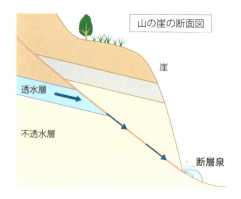

地形を変える断層

　大きな地震ほど、岩石や地層のずれが大きくなるので、地下では大きな断層ができます。断層は、かつてそこで大規模な地震があったことを示す、「地震の化石」とも言えます。
　また、周期的に起こる地震のために断層のずれが大きくなると、地表の地形にも変化が生まれます。長い直線が続く道路や鉄道路線などは、断層によってできた直線的な地形を利用していることが少なくありません。

> 一部が地表にも現れている断層は、地震断層として保存されているところがあるよ。断層は、保存場所近くの地形にも影響を与えていることが多いから、断層や周囲の地形を観察しに行ってみよう。

第 4 章 大地の活動を読み解こう

地震断層を観察しよう

野島断層保存館（兵庫県淡路市） ▶アクセス→p.154

　日本各地に過去に起きた地震で生じた断層を保存したところがあります。その中でも一番規模の大きな保存館は兵庫県淡路島にある野島断層保存館です。野島断層は1995年1月17日に起きた兵庫県南部地震（M7.2）で地表に現れた地震断層です。

見学

　兵庫県南部地震で生じた野島断層を保存している施設が野島断層保存館です。この地震についての解説や断層上にあった家も保存されていて、「震災に強い家」として見学ができます。また神戸にあった震災で残った壁も「神戸の壁」として移設されて保存されています。
　また震災体験館では兵庫県南部地震と東北太平洋沖地震との揺れの違いを体験することもできます。

野島断層保存館内にある畑の畝のずれ

野島断層が保存されている部分

根尾谷地震断層観察館（岐阜県本巣市） ▶アクセス→p.154

　賢治が生まれる5年前の1891年（明治24年）10月28日午前6時37分（38分）、東海地方を襲った濃尾地震（M8.0）が発生した際、地表に数十kmにわたって現れた地震断層が根尾谷断層です。垂直方向に6mもの段差が生じたこの断層は国の特別天然記念物に指定されています。

　断層観察館の外では断層の崖を見ることができます（下の地図内の黄色の直線部分）。全体を見わたすには断層展望広場に行くとよいでしょう。観察館の内部は断層部分を掘り込んで地下での断層による地層の食い違いなどが観察できるようになっています。

第4章 大地の活動を読み解こう

当時の根尾谷断層崖

現在の根尾谷断層崖

道路から見た断層の崖

館内の断層部分を掘り込んだところ

断層展望広場から見た断層崖（中央左右に広がる小高い段差）

> その他の断層が見学できるところ

■ 中央構造線

　中央構造線は長野県天竜川から始まり、愛知県豊川、三重県櫛田川、和歌山県紀の川を経て四国に入り、徳島県吉野川、愛媛県、さらに九州へと延びている日本最大の活断層です。断層が通過している各地で断層露頭を観察することができます。

- ○ 長野県大鹿村大河原下青木　中央構造線博物館
- ○ 長野県大鹿村北川の鹿塩川ぞいの崖　北川露頭
- ○ 長野県大鹿村　安康露頭
- ○ 長野県伊那市長谷溝口
- ○ 愛知県新城市長篠字向林・字古渡　長篠露頭
- ○ 三重県松阪市飯高町月出
- ○ 徳島県三好市三野町太刀野原
- ○ 愛媛県松山市砥部

中央構造線博物館

北川露頭

北川露頭説明版。ここを中央構造線が通過している

安康露頭

月出露頭

第4章 大地の活動を読み解こう

中央構造線砥部

砥部の断層説明板

■ **フォッサマグナ**

　フォッサマグナとは、古い地層でできた本州の中央に、南北にU字型の溝が走り、そこに新しい地層ができたエリアで、東端は新発田─小出および柏崎─千葉を走る断層、西端は糸魚川─静岡を走る断層で区切られています。

○ 野外博物館フォッサマグナパーク（新潟県糸魚川市）

> その他の断層保存地

○ 郷村断層（京都府京丹後市網野町郷）
○ 野村断層（兵庫県丹波市春日町野村）
○ 丹那断層（静岡県田方郡函南町畑）
○ 井戸沢断層／塩ノ平正断層（福島県いわき市田人町黒田）

フォッサマグナパークに見られる糸魚川静岡構造線の露頭

丹那断層の保存施設

「グスコーブドリの伝記」の火山活動

じゃあ地形は全部断層が作っているの?

いや、川や海、地下水、風のはたらきなど、いろいろな作用でできているよ。日本の地形に多いのは、火山による地形じゃないかな。

日本にはたくさん火山があるんでしょう。爆発したら怖いなあ。

たしかに大規模な火山災害は恐ろしいけど、マグマからいろいろな鉱物ができるし、温泉や名水が湧いたり、地熱エネルギーを利用することもできる。火山観測の様子や災害、火山の恩恵まで織り込まれた賢治の作品を読んでみよう。

　その室の右手の壁いっぱいに、イーハトーブ全体の地図が、美しく色どった巨きな模型に作ってあって、鉄道も町も川も野原もみんな一目でわかるようになって居り、そのまん中を走るせぼねのような山脈と、海岸に沿って縁をとったようになっている山脈、またそれから枝を出して海の中に点々の島をつくっている一列の山山には、みんな赤や橙や黄のあかりがついていて、それが代る代る色が変ったりジーと蝉のように鳴ったり、数字が現われたり消えたりしているのです。下の壁に添った棚には、黒いタイプライターのようなものが三列に百でもきかないくらい並んで、みんなしずかに動いたり鳴ったりしているのでした。ブドリがわれを忘れて見とれて居りますと、その人が受話器をことっと置いてふところから名刺入れを出して、一枚の名刺をブドリに出しながら、「あなたが、グスコーブドリ君ですか。私はこう云うものです。」と云いました。見ると、イーハトーブ火山局技師ペンネンナームと書いてありました。そ

第4章 大地の活動を読み解こう

の人はブドリの挨拶になれないでもじもじしているのを見ると、重ねて親切に云いました。

「さっきクーボー博士から電話があったのでお待ちしていました。まあこれから、ここで仕事をしながらしっかり勉強してごらんなさい。ここの仕事は、去年はじまったばかりですが、じつに責任のあるもので、それに半分はいつ噴火するかわからない火山の上で仕事するものなのです。それに火山の癖というものは、なかなか学問でわかることではないのです。われわれはこれからよほどしっかりやらなければならんのです。
［…］」

次の朝、ブドリはペンネン老技師に連れられて、建物のなかを一一つれて歩いて貰い、さまざまの器械やしかけを詳しく教わりました。その建物のなかのすべての器械はみんなイーハトーブ中の三百幾つかの活火山や休火山に続いていて、それらの火山の煙や灰を噴いたり、熔岩を流したりしているようすはもちろん、みかけはじっとしている古い火山でも、その中の熔岩や瓦斯のもようから、山の形の変わりようまで、みんな数字になったり図になったりして、あらわれて来るのでした。そして烈しい変化のある度に、模型はみんな別々の音で鳴るのでした。

ブドリはその日からペンネン老技師について、すべての器械の扱い方や観測のしかたを習い、夜も昼も一心に働いたり勉強したりしました。
［…］

じつにイーハトーブには、七十幾つの火山が毎日煙をあげたり、熔岩を流したりしているのでしたし、五十幾つの休火山は、いろいろな瓦斯を噴いたり、熱い湯を出したりしていました。そして残りの百六七十の死火山のうちにもいつまた何をはじめるかわからないものもあるのでした。

——「グスコーブドリの伝記」より

「グスコーブドリの伝記」第五章では、主人公のグスコーブドリが火山局で働きはじめる様子が描かれています。火山局には物語の世界であるイーハトーブ全体の地図と、そこに存在する各火山を集中監視している機器のボードが備えつけられています。この機器では、イーハトーブの300以上の火山の活動と変化が一目でわかるようになっています。

> このような火山の監視方法は、日本でも実際に行われているんだよ。

　日本では気象庁が全国の110の火山を監視し、そのうち主要な47の火山については、地震計などの観測器具を設置して常時監視しています。

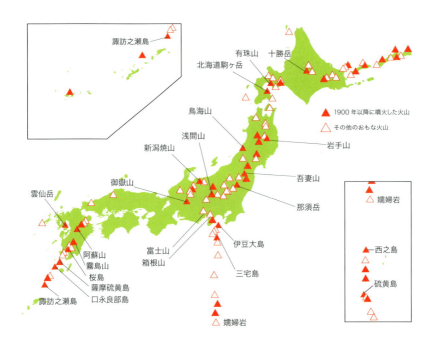

> 日本列島はプレートの境界が集まっているから、火山も多く分布している。だから、いつ発生するかわからない火山災害に備えて、火山についてよく知っておく必要があるね。

100

第4章 大地の活動を読み解こう

実習 生きている火山を体験しよう

阿蘇火山博物館（熊本県阿蘇） ▶アクセス→p.154

阿蘇火山博物館エントランス

観察

　日本では最大のカルデラ（火山活動によってできる凹んだ地形）を持つ阿蘇火山は、現在も活発な活動をしています。阿蘇火山博物館は、バス停を降りると遠方に阿蘇中岳の噴煙が見えるような立地にあります。
　現在は火口には近づけませんが、博物館屋上や火山の火口付近に設置された音声つきのライブカメラの映像で、実際の火山活動の様子を観察できます。

学習

　常設展示では、火山の種類やしくみの説明、世界の火山分布についてなど、火山全般について学ぶことができるほか、5面マルチホールで上映されている映像では、阿蘇山のさまざまな表情を知ることができます。

阿蘇中岳の噴煙（2015年1月）

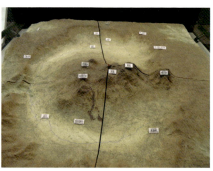
阿蘇カルデラの模型

展示フロア。火口ライブカメラの映像もここで見られる

火山噴出物の展示

第4章 大地の活動を読み解こう

その他の火山体験施設・ツアー

○ 火山科学館（北海道虻田郡洞爺湖町）
○ 長野原町営浅間火山博物館（群馬県吾妻郡嬬恋村）
○ 伊豆大島火山博物館（東京都大島町）
○ 火山体験遊歩道（東京都三宅島三宅村）
○ 桜島天然温泉掘りツアー（鹿児島県鹿児島市／みんなの桜島協議会事務局）
○ 雲仙岳噴災害記念館（長崎県島原市）

世界の火山灰

《現在も活動している火山の火山灰》
❶ 桜島火山（鹿児島県）
❷ 新燃岳（霧島）火山（宮崎県）
❸ 阿蘇火山

《地質時代の火山灰》
❹ ピンク火山灰（約100万年前）
❺ アズキ火山灰（約90万年前）

《歴史時代の火山灰》
❻ アカホヤ火山灰（縄文時代）
❼ 関東ローム（旧石器時代）

《外国の火山灰》
❽ セントヘレンズ火山（アメリカ合衆国）
❾ エイヤフィヤトラヨークトル火山（アイスランド）

実習 「鎔岩流（春と修羅）」の溶岩を再現しよう

喪神（そうしん）のしろいかがみが
薬師火口のいただきにかかり
日かげになった火山礫堆（れきたい）の中腹から
畏るべくかなしむべき砕塊熔岩（ブロックレーバ）の黒

——「鎔岩流（春と修羅）」より

詩「鎔岩流」に登場する「砕塊熔岩（ブロックレーバ）」とは、火山から流れ出す溶岩の1タイプを指している。日本の火山の溶岩はほとんどが砕塊溶岩なんだけど、鹿児島県の開聞岳などの溶岩は、水分を含まずガスの放出もない流れるような溶岩をしていて、固まると縄のような構造を作るので縄状溶岩と呼ばれているんだ。それぞれの特徴を、お菓子で再現してみよう。

砕塊溶岩

縄状溶岩

準備するもの

砂糖、小麦粉、塩、牛乳、食用竹炭粉（あれば）、ケーキカップ、ベーキングパウダー、水、クッキングシートをしいたバット

第 4 章　大地の活動を読み解こう

作り方

■ 砕塊溶岩

❶ 小麦粉100g、砂糖20g、ベーキングパウダー小さじ1、塩少々、食用竹炭粉1gに、牛乳100ccを加えてダマができないように混ぜる
❷ たねをケーキカップに入れ、蒸し器に入れて15分くらい蒸しあげる。
❸ できあがった蒸しパンは、表面が内側から破裂したようになっている。これは砕塊溶岩と似たようなしくみでできた割れ目である。

最初に食用竹炭粉を加えると、砕塊溶岩らしい色あいを再現できる。緑色のかけらは、かんらん石をイメージして加えた、ザラメ糖を緑の食紅で色づけしたもの

■ 縄状溶岩

❶ 砂糖150gに水50ccを半分ほど加えて鍋で熱する。
❷ やや褐色を帯びてきたところで水の残りを加え、ふたをして火を止める。
❸ 液体状の飴ができたら、クッキングペーパーをしいたバットに流し込む。
❹ バットを傾けると、流動性のある溶岩流が流れる様子が再現でき、縄状溶岩のような模様ができる。

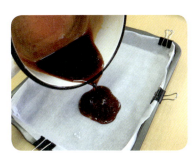 

1923年、賢治は樺太へ向かう旅行の途中、旭川の農事試験場に立ち寄り詩「旭川」を作った。詩の中に登場する旭川中学校（現旭川東高校）正面に詩碑が建てられている

第 5 章

気象と災害の
しくみを知ろう

出かける時カサを持っていくべきか、今日は洗濯物を干してもよいか、
今年はいつ頃梅雨入りしそうか、どのくらい雪が積もるのか……。
みなさんも毎日のように天気予報を見ているのではないでしょうか。
気象は、私たちにとってもっとも身近な地学現象と言えるかもしれません。
年々増えている異常気象による災害に備えるためにも、
観察や実験を通して気象のしくみを知っておきましょう。

「〔もうはたらくな〕」「〔二時がこんなに暗いのは〕」の雷雨

「グスコーブドリの伝記」では、火山災害を防ぐどころか、二酸化炭素の温室効果で冷害を防ぐために、わざと火山を噴火させるんだね。

賢治は羅須地人協会を設立して、農家の人たちに農業や肥料の指導をしていたから、農業にかかわる災害には特に敏感だったんだろうね。だから気象に関する表現は作品の中にも多く登場するよ。

　　もうはたらくな
　　レーキを投げろ
　　この半月の曇天(どんてん)と
　　今朝のはげしい雷雨のために
　　おれが肥料を設計し
　　責任のあるみんなの稲が
　　次から次と倒れたのだ
　　稲が次々倒れたのだ
　　働くことの卑怯(ひきょう)なときが
　　工場ばかりにあるのでない
　　ことにむちゃくちゃはたらいて
　　不安をまぎらかそうとする、
　　卑(いや)しいことだ

　　　　　　　　——「〔もうはたらくな〕」より

二時がこんなに暗いのは

時計も雨でいっぱいなのか

本街道をはなれてからは

みちは烈しく倒れた稲や

陰気なひばの木立の影を

めぐってめぐってここまで来たが

里程にしてはまだそんなにもあるいていない

そしていったいおれのたずねて行くさきは

地べたについた北のけわしい雨雲だ、

ここの野原の土から生えて

ここの野原の光と風と土とにまぶれ

老いて盲いた大先達は

なかばは苔に埋もれて

そこでしずかにこの雨を聴く

またいなびかり、

林を嘗めて行き過ぎる、

雷がまだ鳴り出さないに、

あっちもこっちも、

気狂いみたいにごろごろまわるから水車

ハックニー馬の尻ぽのように

青い柳が一本立つ

——「〔二時がこんなに暗いのは〕」より

　この2つの詩の日付として記入されている1927年8月20日は、花巻地方で激しい雷雨が起きたのでしょう。そのため実りの時期を迎えていた稲は、ほとんど倒れてしまいました。

　稲がすべて倒れてしまうほどの激しい豪雨とはどんなものでしょうか。雨の強さや雷について学び、体験施設で、実際に豪雨の激しさを体感してみましょう。

雨の強さと降り方

気象庁は、天気予報で示す雨の強さを以下のように決めています。

予報用語	1時間の雨量 (mm)	人の受けるイメージ	人への影響	屋外の様子
やや強い雨	10以上〜20未満	ザーザーと降る	地面からの跳ね返りで足元が濡れる	地面一面に水溜まりができる
強い雨	20以上〜30未満	土砂降り	傘をさしていても濡れる	
激しい雨	30以上〜50未満	バケツをひっくり返したように降る		道路が川のようになる
非常に激しい雨	50以上〜80未満	滝のように降る	傘は全く役に立たなくなる	水しぶきであたり一面が白っぽくなり、視界が悪くなる
猛烈な雨	80以上	息苦しくなるような圧迫感がある。恐怖を感じる		

雨雲とは

雨を降らせる雲のことで、雲の形を10種類に分類した「10種雲型」で言う積乱雲や乱層雲を指します。

雷のしくみ

上空の気圧の変化により水蒸気が冷やされると、雲の中に雨や雪のもととなる氷の粒ができます。それが擦れ合って発生した静電気が溜まり、放電したものが雷です。電気が地上に落ちれば落雷、雲の中や雲と雲の間などで発生すると雲放電と言います。

中央の積乱雲の下で雨が降っている。手前に広がっているのは乱層雲(モンゴル)

第 5 章 気象と災害のしくみを知ろう

 豪雨を体験してみよう

大滝ダム・学べる防災ステーション（奈良県川上村） ▶アクセス→p.154

西日本を中心に大きな被害をもたらした「平成30年7月豪雨」のように、近年これまで経験したことがないような規模の豪雨がしばしば起きるようになりました。

激しい雨は想像以上に視界をさまたげ、動きを制限します。激しい豪雨を体験しておくことは、災害時の避難や防災のために役立つでしょう。

大滝ダム・学べる防災ステーション

大滝ダム・学べる防災ステーションは、紀の川（吉野川）上流にある大滝ダムの完成にともなって作られたダムの資料館で、防災の観点に立った展示や体験設備もあります。

 体験

豪雨体験室では、ダムの上流で日本有数の多雨地域である大台ケ原付近（日降水量の最高記録は844mm）の降雨や、人類がいまだ経験したことのない1時間に600mmものスーパー豪雨を体験できます。

豪雨体験室。正面のモニターの雨の激しさに合わせて、さまざまな雨量の豪雨を体験できる

東京消防庁本所都民防災教育センター 本所防災館（東京都墨田区）

▶アクセス→p.155

暴風や豪雨の学習と模擬体験ができる施設です。また、暴風雨の結果起こりうる都市型水害や、地震の体験コーナーなどもあり、自然災害全般について学ぶことができます。

体験コーナーはインストラクターが案内するツアー形式になっています。スタート時刻が決まっているので、事前に調べておきましょう。

ツアーはシアター映像を見たあと、地震、火事（消火・煙）または都市型水害、応急手当または暴風雨の4つが体験できる1時間50分のコースが基本ですが、少し短いショートコースもあります。

東京の防災教育センターらしく、都市部での災害発生を想定した、非常に実践的な内容の体験ができます。

激しい暴風雨体験（大人向け）

地震体験

暴風雨体験（子供向け）

第5章 気象と災害のしくみを知ろう

水のめぐみ館 アクア琵琶（滋賀県大津市） ▶アクセス→p.155

　水のめぐみ館「アクア琵琶」は、国土交通省琵琶湖河川事務所が運営する、琵琶湖の治水や利水、水環境など、総合的に水について学べる施設です。ここでは人工的に作り出された世界最大の雨（1時間600mm）のほか、世界各地の降水記録を再現した降雨体験もできます。

　雨体験室では、1時間当たり5〜600mmまでの雨を自由に設定して体験できます（体験時間は8分）。日本における時間当たりの最大降雨記録は1999年の千葉、1982年の長崎で記録された153mmです。いろいろな雨量を体験してみましょう。

雨体験室入口

雨具に着替える

ボタンを押すと雨が降る

600mmまで体験できる

「風野又三郎」の暴風

2018年の豪雨では、梅雨に加えて台風も重なって、降水量が増えて被害が拡大したんだよね。

熱帯の海上を通って日本にやってくる台風は、暖かく湿った空気を運んできて、雨雲（積乱雲）を発達させるからね。

賢治の作品には、たしか「風の又三郎」に台風のエピソードが出てきたよね。

現在、広く読まれているのは「風の又三郎」だけれど、そのプロトタイプである「風野又三郎」は、擬人化された風の精が語る冒険談で、大気の運動の様子がうまく表現されているよ。

「[…] その次の日僕がまた海からやって来てほくほくしながらもう大分の早足で気象台を通りかかったらやっぱり博士と助手が二人出ていた。『こいつはもう本とうの暴風ですね、』又あの子供の助手が尤もらしい顔つきで腕を拱いてそう云っているだろう。博士はやっぱり鼻であしらうといった風で

『だって木が根こぎにならんじゃないか。』と云うんだ。子供はまるで顔をまっ赤にして

『それでもどの木もみんなぐらぐらしてますよ。』と云うんだ。その時僕はもうあとを見なかった。なぜってその日のレコードは八米だからね、そんなに気象台の所にばかり永くとまっているわけには行かなかったんだ。そしてその次の日だよ、やっぱり僕は海へ帰っていたんだ。そして丁度八時ころから雲も一ぱいにやって来て波も高かった。僕はこの時はもう両手を

第 5 章　気象と災害のしくみを知ろう

ひろげ叫び声をあげて気象台を通った。やっぱり二人とも出ていたねえ、子供は高い処なもんだからもうぶるぶる顫えて手すりにとりついているんだ。雨も幾つぶか落ちたよ。そんなにこわそうにしながらまた斯う云っているんだ。

『これは本当の暴風ですね、林ががあがあ云ってますよ、枝も折れてますよ。』

　ところが博士は落ちついてからだを少しまげながら海の方へ手をかざして云ったねえ

『うん、けれどもまだ暴風というわけじゃないな。もう降りよう。』僕はその語をきれぎれに聴きながらそこをはなれたんだ［。］それからもうかけてかけて林を通るときは木をみんな狂人のようにゆすぶらせ丘を通るときは草も花もめっちゃめちゃにたたきつけたんだ、そしてその夕方までに上海から八十里も南西の方の山の中に行ったんだ。そして少し疲れたのでみんなとわかれてやすんでいたらその晩また僕たちは上海から北の方の海へ抜けて今度はもうまっすぐにこっちの方までやって来るということになったんだ。そいつは低気圧だよ、あいつに従いて行くことになったんだ。さあ僕はその晩中あしたもう一ぺん上海の気象台を通りたいといくら考えたか知れやしない。ところがうまいこと通ったんだ。そして僕は遠くから風力計の椀がまるで眼にも見えない位速くまわっているのを見、又あの支那人の博士が黄いろなレーンコートを着子供の助手が黒い合羽を着てやぐらの上に立って一生けん命空を見あげているのを見た。さあ僕はもう笛のように鳴りいなずまのように飛んで『今日は暴風ですよ、そら、暴風ですよ。今日は。さよなら。』と叫びながら通ったんだ。もう子供の助手が何を云ったかただその小さな口がぴくっとまがったのを見ただけ少しも僕にはわからなかった。［…］」

＊支那……かつて日本で使われていた中国を指す呼称。

——「風野又三郎」より

115

引用部分は、主人公である風の精が一生懸命吹いても、気象台の博士がなかなか「暴風」とは認めてくれない……というシーンです。

実際には、「暴風」はどのように分類されているのでしょうか。

風の強さ

気象庁では、風の強さを以下のように定めています。

予報用語	平均風速 （m／秒）	速さの目安	人への影響	屋外の様子
やや強い風	10以上 〜15未満	一般道路の 自動車	風に向かって歩きにくくなる、傘がさせない	樹木全体、電線が揺れ始める
強い風	15以上 〜20未満	高速道路の 自動車	風に向かって歩けなくなり、転倒する人も出る 高所での作業は極めて危険	電線が鳴りはじめる、看板やトタン板が外れ始める
非常に 強い風	20以上 〜25未満		何かにつかまっていないと立っていられない 飛来物によって負傷するおそれがある	細い木の幹が折れたり根の張っていない木が倒れ始める、看板が落下・飛散する、道路標識が傾く
	25以上 〜30未満	特急列車		
猛烈な風	30以上 〜35未満		屋外での行動は極めて危険	多くの樹木が倒れる、電柱や街灯で倒れるものがある、ブロック壁で倒壊するものがある
	35以上 〜40未満			
	40以上			

暴風の基準

気象庁では暴風警報基準以上の風を「暴風」とし、都道府県ごとに発令基準を設定しています（おおむね風速18〜25m/秒）。海上暴風警報は最大風速48ノット（約24.7m/秒）以上です。また、台風の暴風域は、風速25m/秒以上の範囲を言います。

第5章 気象と災害のしくみを知ろう

 暴風を体験してみよう

豊田市防災学習センター（愛知県豊田市）　▶アクセス→p.155

防災学習センターは豊田市消防本部の1階にある

　豊田市防災学習センターは豊田市消防本部に併設された防災教育施設で、暴風・地震・消火・煙脱出・119通報の5つの体験コーナー「5つのトライ」と、映像やハンズオン（触れる模型教材）、ハザードマップなど6つの方法「6つのスタディ」で防災について学ぶことができます。そのほか雨体験や地震体験ができる設備もあります。

　台風接近中に外出することの危険性を体感するため、壁の穴から風速30m/秒の風が吹きつけるとともに、雨を再現したふわふわのボールが飛んできます（安全ゴーグルを着用します）。実際には雨だけでなく、風にあおられてさまざまなものが飛んでくるでしょうし、激しい風の中では立っていることも難しいことがよくわかります。
　このような暴風体験ができる施設は全国的に見ても多くありません。

風速30m/秒を体験

暴風に関する展示も工夫されている

過去の台風被害を紹介する映像

地震体験室

第5章 気象と災害のしくみを知ろう

奈良市防災センター（奈良県奈良市） ▶アクセス→p.155

　奈良市防災センターは奈良市南消防局の南側にあり、災害についてのわかりやすい展示と、体験学習コーナーがあります。暴風体験のみならず、降雨や地震体験もできます。

　地震体験では、各震度の揺れや、これまでに起きた大地震の再現、また今後発生することが予想される東南海・南海地震の想定を体感できます。

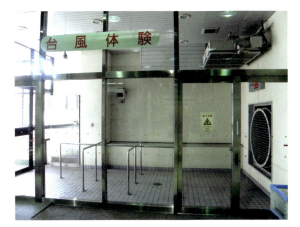

体　験

　ここでは風速20m/秒の強風を体験することができます。

手すりにつかまり、正面から吹きつける強風を体験する

「毒もみのすきな署長さん」の洪水

大雨が原因で発生する災害と言えば何かな？

川に水があふれて洪水が起きたり……。

その通り。日本の河川は海外の河川に比べて川底の勾配がきつくて、急流であることが多いから、大雨が降るとすぐ増水して氾濫してしまうんだ。

　四つのつめたい谷川が、カラコン山の氷河から出て、ごうごう白い泡をはいて、プハラの国にはいるのでした。四つの川はプハラの町で集って一つの大きなしずかな川になりました。その川はふだんは水もすきとおり、淵には雲や樹の影もうつるのでしたが、一ぺん洪水になると、幅十町もある楊の生えた広い河原が、恐ろしく咆える水で、いっぱいになってしまったのです。けれども水が退きますと、もとのきれいな、白い河原があらわれました。その河原のところどころには、蘆やがまなどの岸に生えた、ほそ長い沼のようなものがありました。

　それは昔の川の流れたあとで、洪水のたびにいくらか形も変るのでしたが、すっかり無くなるということもありませんでした。その中には魚がたくさんおりました。殊にどじょうとなまずがたくさんおりました。けれどもプハラのひとたちは、どじょうやなまずは、みんなばかにして食べませんでしたから、それはいよいよ増えました。

　　　　　　　　　――「毒もみのすきな署長さん」より

第5章 気象と災害のしくみを知ろう

　この作品の冒頭では、普段は穏やかな川が洪水になった様子と、これまでにも洪水のたびに川の流れる道筋が変わり、その跡が残り続けていることが描かれています。広い川原のある川では普段水が流れている部分と砂や砂利の部分がありますが、洪水が起こるたびにその道筋が変わっていきます。

増水時の加古川。川幅いっぱいに水がある

平常時の加古川

外水氾濫と内水氾濫

　大雨などによって川の水位が上昇し、堤防を越えたり決壊することで起きる氾濫を洪水と呼びます。
　洪水の中でも、河川の水があふれ出て起きた洪水は外水氾濫、都市部などの下水があふれて起きた洪水を内水氾濫と言います。

外水氾濫

内水氾濫

121

▼最近10年間の主な水害

　近年、歴史的にも前例がないほどの大雨が各地で発生し、過去10年間にはほぼ毎年のように大規模な水・土砂災害が起きています。特に6月末〜7月初旬にかけての梅雨前線が発達する時期と、大型台風が日本に上陸する8月〜9月に被害が集中しています。

〇平成30年7月豪雨
2018年6月28日〜7月8日。梅雨前線と台風7号の影響により全国的に大雨が続き、岡山県、広島県、愛媛県を中心に大規模な土砂・洪水被害が発生。

〇平成29年7月九州北部豪雨
2017年7月5日〜6日。梅雨前線の南下と熱帯低気圧の影響で長時間猛烈な雨が降り続き、福岡県、大分県を中心に大規模な土砂災害が発生。

〇平成27年関東・東北豪雨
2015年9月9日〜11日。台風17号、18号から変化した2つの温帯低気圧よって豪雨が発生し、鬼怒川をはじめ関東北部から東北南部にかけて各地で河川が氾濫、大規模な洪水被害に。

〇平成26年8月豪雨
2014年7月30日〜8月26日。2つの台風と停滞前線により広範囲で記録的な大雨に。兵庫県丹波市や広島県広島市などで土石流や崖崩れが多発した。

〇平成24年7月九州北部豪雨
2012年7月11日〜14日。梅雨前線による影響で局地的な豪雨が長時間発生。熊本県阿蘇地方や大分県西部で河川の氾濫や土砂崩れが相次いだ。

〇平成23年台風12号による豪雨
2011年8月30日〜9月5日。台風のスピードが遅く、長時間にわたり全国的に大雨が続き、特に紀伊半島（和歌山県、奈良県、三重県）で大規模な洪水・土砂災害が発生。

〇平成23年7月新潟・福島豪雨
2011年7月26日〜30日。前線に暖湿気流が流れ込み、わずか4日間で7月の全国月間降水量平年値の2倍以上となる猛烈な豪雨となり、新潟県、福島県で大規模な洪水・土砂災害が発生した。

第5章　気象と災害のしくみを知ろう

 洪水を体験してみよう

四季防災館（富山県富山市） ▶アクセス→p.155

　ここでは、富山県の四季それぞれの時期に起きる災害（春は雪崩や局地風、夏は豪雨と暴風、秋は火災、冬は雪害と富山湾特有の高波）について体験学習ができます。

　当館の2階に四季の災害や防災の体験・学習コーナーがあり、洪水を想定した流水体験や雪崩のしくみを学ぶ実験などができます。

流水体験コーナー。水深が膝より上になると、移動は非常に困難になる

雪崩体験コーナー。ボタンを押すと上から雪に模した発泡スチロールが滑り落ち、雪崩のしくみがよくわかる

「雪渡り」のかた雪、しみ雪

大雨は洪水や土砂災害を引き起こして、大きな被害につながるんだね。

でも、雨が降らないと干ばつが起きて、作物が実らなかったり、水不足になるのも困るし……。

自然は恵みにもなれば、脅威にもなるということだね。雨と同じように雪も、スキーなどの雪のレジャーが楽しめる一方で、交通が遮断されたり、除雪中の事故で毎年被害が出ているね。

ぼくらの住んでいるところはあまり雪が降らないから、たまに雪が降ると嬉しいんだけどな。

賢治が暮らしていた花巻は、奥羽山脈で雪雲がさえぎられるので、日本海側に比べると雪の少ない地域だけれど、作品には雪の表現がよく出てくるね。

　雪がすっかり凍って大理石よりも堅くなり、空も冷たい滑らかな青い石の板で出来ているらしいのです。
「堅雪かんこ、しみ雪しんこ。」
　お日様がまっ白に燃えて百合の匂を撒きちらし又雪をぎらぎら照らしました。
　木なんかみんなザラメを掛けたように霜でぴかぴかしています。
「堅雪かんこ、凍み雪しんこ。」

第 5 章　気象と災害のしくみを知ろう

　　四郎とかん子とは小さな雪沓をはいてキックキックキック、野原に出ました。

　　こんな面白い日が、またとあるでしょうか。いつもは歩けない黍の畑の中でも、すすきで一杯だった野原の上でも、すきな方へどこ迄でも行けるのです。平らなことはまるで一枚の板です。そしてそれが沢山の小さな小さな鏡のようにキラキラキラキラ光るのです。

「堅雪かんこ、凍み雪しんこ。」

　　二人は森の近くまで来ました。大きな柏の木は枝も埋まるくらい立派な透きとおった氷柱を下げて重そうに身体を曲げて居りました。

「堅雪かんこ、凍み雪しんこ。狐の子ぁ、嫁ほしい、ほしい。」と二人は森へ向いて高く叫びました。

　　しばらくしいんとしましたので二人はも一度叫ぼうとして息をのみこんだとき森の中から

「凍み雪しんしん、堅雪かんかん。」と云いながら、キシリキシリ雪をふんで白い狐の子が出て来ました。

＊堅雪……一度解けかかった雪が、夜間の冷えこみで凍りついて堅くなったもの。
＊＊凍み雪……同じく凍った雪のことと思われる。

　　　　　　　　　　　　　　　　　　　　　　　　——「雪渡り」より

雪はどのようにして作られるか

雪と雨は基本的に同じでき方をします。地上で温められた空気のかたまりが上空にのぼると、気圧の低下にともなって空気が膨張し、そのさい熱が逃げていきます（断熱変化）。

断熱変化によって空気のかたまりが露点まで冷えると、水蒸気が凝結して雲ができます。

雲の中には水蒸気が凍った氷の粒が含まれていて、これが周りの水滴を取り込んで大きくなり、重たくなると地上に落下していきます。

地表の気温が0℃以上で、落下の途中で氷の粒が融ければ雨に、0度以下で凍ったまま降ると雪や霰になります。

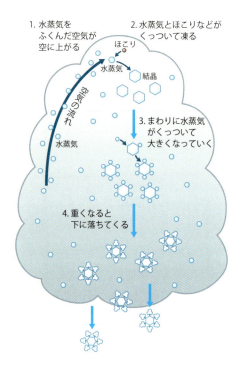

雪の結晶の形

雲の中で水蒸気が氷の粒になるとは、水分子が結びついて固体の構造になるということです。この時、結びつく力が均等に働くと、水分子としてバランスのよい6方向で引き合うため、六角形の結晶ができます。この六角形が成長して、いろいろな形の結晶が形作られます。

雪の形から、上空の状態がわかる

賢治と同時代を生きた物理学者・中谷宇吉郎は、雪の結晶を研究し、「雪は天からもたらされた手紙」という有名な言葉を残しました。

これは、地上に降ってきた雪の形から、上空の気温や水蒸気の量がわかることを表しています。

中谷宇吉郎が発見した、雪の形と上空の状態の関係は以下の通りです。

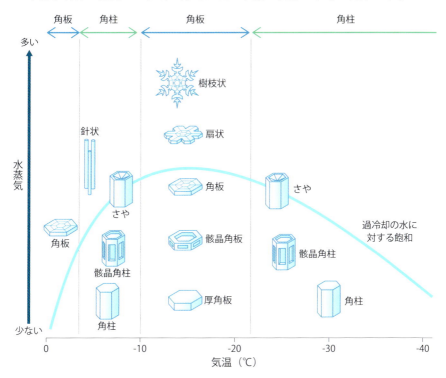

上空に十分に水蒸気があり、気温が約-20度の時に、もっともよく知られている雪の結晶形ができることがわかる

実習 雪について学ぼう

中谷宇吉郎 雪の科学館（石川県加賀市） ▶アクセス→p.155

　雪の科学館では、中谷宇吉郎の業績を中心に、彼が世界で初めて人工雪を作った研究をはじめ、雪と氷に関するさまざまな研究成果が紹介されています。中庭には博士が研究に訪れていたグリーンランドの氷河が作り出したモレーンの石が60トンも敷き詰められています。

 見学

　展示室には、人工雪を作る装置のほか、ダイヤモンドダストや過冷却の実験装置があり、雪のしくみを体験的に学習できます。

いろいろな形をした雪の結晶の展示

モレーンの石が敷き詰められた中庭

第 5 章 気象と災害のしくみを知ろう

展示室内の様子

その他の地震・気象現象を体験できる施設

○ 札幌市民防災センター（地震・暴風）
○ 埼玉県防災学習センター（地震・暴風）
○ 千葉県西部防災センター（地震・暴風・豪雨）
○ 神奈川県総合防災センター（地震・暴風・豪雨）
○ 豊田市防災学習センター（地震・暴風）
○ 焼津市消防防災センター防災学習室（地震・3D暴風豪雨）
○ 浜松市消防本部防災教育展示ホール（暴風）
○ 福井市防災センター（地震・暴風）
○ 京都市市民防災センター（地震・暴風・水害）
○ 香川県防災センター（地震・暴風）
○ 徳島県立防災センター（地震・暴風）
○ 福岡市民防災センター（地震・暴風）

実習 「風野又三郎」の竜巻を作ろう

「［…］それから海へ行ったろう。海へ行ってこんどは竜巻をやったにちがいないんだ。竜巻はねえ、ずいぶん凄いよ。海のには僕はいったことはないんだけれど、小さいのを沼でやったことがあるよ。丁度お前達の方のご維新前ね、日詰の近くに源五沼という沼があったんだ。そのすぐ隣りの草はらで、僕等は五人でサイクルホールをやった。ぐるぐるひどくまわっていたら、まるで木も折れるくらい烈しくなってしまった。丁度雨も降るばかりのところだった。一人の僕の友だちがね、沼を通る時、とうとう機みで水を掬っちゃったんだ。さあ僕等はもう黒雲の中に突き入ってまわって馳けたねえ、水が丁度漏斗の尻のようになって来るんだ。下から見たら本当にこわかったろう。

『ああ竜だ、竜だ。』みんなは叫んだよ。実際下から見たら、さっきの水はぎらぎら白く光って黒雲の中にはいって、竜のしっぽのように見えたかも知れない。［…］」

——「風野又三郎」より

有名な童話「風の又三郎」のプロトタイプである「風野又三郎」には、「サイクルホール」と呼ばれる竜巻や低気圧などの空気の渦が登場する。
風の子である又三郎が仲間と一緒にぐるぐると回っていたら竜巻が起きた、と、竜巻のでき方を物語としてうまく表現しているんだ。渦のでき方は水も竜巻も同じなので、ペットボトルで竜巻の渦を再現してみよう。

準備するもの
　　表面に凹凸のないペットボトル2個、錐かドリル、紙やすり、水

作り方1

❶ 錐やドリルを使って、ペットボトルの蓋の中央に直径8㎜の穴を開ける。
❷ 蓋の上面に紙やすりをかけて平らにし、蓋どうしを向かい合わせにして接着剤で貼り合わせ、接続部を粘着テープで巻いて補強する。
❸ 片方のペットボトルに半分ほど水を入れ、貼り合わせた蓋で栓をする。もう一方のペットボトルも、逆さの状態で取りつける。
❹ 蓋をしっかり締めたら、水の入った方を上にし、底を持って軽く円を描くように回す。
❺ すると、水が下のペットボトルに落ちていく部分に、竜巻のような渦が見られる。

作り方2

❶ ペットボトルの半分くらいまで水を入れ、穴の開いていない蓋をする。
❷ 逆さにして蓋の部分を持ち、中の水を素早く回転させるように手首を回す。
❸ うまく回せれば中に渦巻きができ、天に上る竜のような形が見られる。

1912年、賢治は中学の修学旅行で岩手県石巻市を訪れ、生まれて初めて海を目にした。日和山公園には、その時の感動を詠んだ詩の碑がある

第 **6** 章

夜空を見上げよう

　　　　宮沢賢治の代表的な作品に、「銀河鉄道の夜」があります。
　　　ふたりの少年が、星空を走る列車に乗ってふしぎな旅に出かける物語です。
　　ほかにも、賢治の作品には、あちこちに星や月、太陽などの天体が登場します。
　　これらの作品に描かれている天体の多くは実際に観察することができますし、
　　　　　日本にはユニークなプラネタリウムがたくさんあり、
　　　　　　私たちに宇宙の広がりを感じさせてくれます。

「土神と狐」の惑星と恒星

くまくん、空を見上げて何してるの?

今日は火星とさそり座のアンタレスが並んで見えるから、観察してるんだ。

えっ、どれどれ?

あの赤い星が2つ並んで見えるところだよ。

どちらも赤くてよく似てるね。どう違うんだっけ。

火星は太陽の周りをまわる「惑星」で、自分では光らないけれど、アンタレスは星自身が輝いている「恒星」だよ。

　夏のはじめのある晩でした。樺には新らしい柔らかな葉がいっぱいについていいかおりがそこら中いっぱい、空にはもう天の川がしらしらと渡り星はいちめんふるえたりゆれたり灯ったり消えたりしていました。
　その下を狐が詩集をもって遊びに行ったのでした。仕立おろしの紺の背広を着、赤革の靴もキッキッと鳴ったのです。
「実にしずかな晩ですねえ。」
「ええ。」樺の木はそっと返事をしました。
「蝎ぼしが向うを這っていますね。あの赤い大きなやつを昔は支那では火と云ったんですよ。」
「火星とはちがうんでしょうか。」
「火星とはちがいますよ。火星は惑星ですね、ところがあいつは立派な

第6章　夜空を見上げよう

恒星なんです。」

「惑星、恒星ってどういうんですの。」

「惑星というのはですね、自分で光らないやつです。つまりほかから光を受けてやっと光るように見えるんです。恒星の方は自分で光るやつなんです。お日さまなんかは勿論恒星ですね。あんなに大きくてまぶしいんですがもし途方もない遠くから見たらやっぱり小さな星に見えるんでしょうね。」

「まあ、お日さまも星のうちだったんですわね。そうして見ると空にはずいぶん沢山のお日さまが、あら、お星さまが、あらやっぱり変だわ、お日さまがあるんですね。」

狐は鷹揚に笑いました。「まあそうです。」

「お星さまにはどうしてああ赤いのや黄のや緑のやあるんでしょうね。」

［…］

「星に橙や青やいろいろある訳ですか。それは斯うです。全体星というものははじめはぼんやりした雲のようなもんだったんです。いまの空にも沢山あります。たとえばアンドロメダにもオリオンにも猟犬座にもみんなあります。猟犬座のは渦巻きです。それから環状星雲というのもあります。魚の口の形ですから魚口星雲とも云いますね。そんなのが今の空にも沢山あるんです。」

「まあ、あたしいつか見たいわ。魚の口の形の星だなんてまあどんなに立派でしょう。」

「それは立派ですよ。僕水沢の天文台で見ましたがね。」

「まあ、あたしも見たいわ。」

——「土神と狐」より

「土神と狐」で狐が説明しているように、星の誕生は、宇宙空間に漂っている星間ガスや星間塵が特に集まっているところ（星間雲または星雲）に原始星ができることから始まります。星の成長に合わせて星の表面の温度が変わると、見える星の色も変わります。

135

実習 「水沢の天文台」に行こう

国立天文台 水沢キャンパス（岩手県奥州市） ▶アクセス→p.156

「土神と狐」に登場する「水沢の天文台」とは、岩手県奥州市にある旧水沢緯度観測所（現国立天文台水沢キャンパス）のことです。

　国立天文台は、日本を代表する天文学の研究機関で、その設備や観測・研究内容を国内外の研究機関に提供しているだけでなく、暦の編成や中央標準時の決定に役立てています。

　水沢キャンパスには、宇宙科学について学べる奥州宇宙遊学館や木村栄記念館が隣接しているほか、昔の緯度観測室や天文観測のための各種のアンテナなどを見学することができます。

国立天文台水沢キャンパス

木村栄記念館

奥州宇宙遊学館

水沢を通る北緯39°8'線と10m電波望遠鏡

第6章 夜空を見上げよう

 さそり座を見つけよう

　季節によって見える星座が異なります。星座を探すには星座早見盤を使うと便利です。最近ではスマートフォンのアプリでも星座を見つけることができるものがいろいろ出ています。

　各季節の基本の星座は　春は北斗七星、夏はさそり座と夏の大三角、秋はペガスス座の四辺形、冬はオリオン座です。ここでは p.134 に出てきた「土神と狐」の狐と樺の木が見ていた蠍ぼし（アンタレス）とさそり座を探してみましょう。

観察

❶ 国立天文台のホームページにアクセスし、「星空情報」ページでその月に見える星座を確認する（さそり座は夏の星座なので、8月の星図）。

8月の星図（国立天文台 HP より）

❷ 星図を見ると、さそり座は南の空の地平線近くにあることがわかる。南の空の下の方で、一等星である赤い星アンタレスを探そう。

❸ その赤い星から、左に続いている星を星図通りにたどっていけば、Ｓの字のような尾っぽが見つかる。

❹ 赤い星に戻って次は右の方に向かっていくと、Ｔ字路のような星の結びつきがあるだろう。これがサソリのはさみの部分である。

　この時期には天頂付近に白鳥座があり、星がクロスしている様子を「銀河鉄道の夜」では「北十字」と表現しています。白鳥の尻尾にあたる星デネブ、白鳥の頭の両側にある明るい1等星（こと座のベガとわし座のアルタイル）を結ぶと、夏の大三角ができます。

「東岩手火山」に登場する星座

くまくん、たぬきくん、昨日は火星とさそり座の観察をしたんだってね。今度は賢治の作品で星空観察をしてみない？

そうそう　北はこっちです
北斗七星は
いま山の下の方に落ちていますが
北斗星はあれです
それは小熊座という
あの七つの中なのです
それから向うに
縦に三つならんだ星が見えましょう
下には斜めに房が下ったようになり
右と左とには
赤と青と大きな星がありましょう
あれはオリオンです　オライオンです
あの房の下のあたりに
星雲があるというのです
いま見えません
その下のは大犬のアルフア
冬の晩いちばん光って目立つやつです
夏の蠍とうら表です

＊北斗星……北斗星は北斗七星の別名でもあるが、ここでは北極星のこと。

――「東岩手火山」より

第6章 夜空を見上げよう

実習　星座表を見ながら、作品に描かれた星空を調べよう

「東岩手火山」に描かれている星空の様子を調べ、作品の舞台となっている季節を推定してみましょう。

オリオン座が見えているから、秋か冬だよね。

そうだね。地球は太陽の周りを1年かけて公転しているので、季節によって見える星が違うことがヒントになるね。

でも、時間帯までわかるのかな？

まずは星座表を見て、作品の中に登場する星座や星の位置関係を確認しよう。

地球は24時間で1周するように自転しているから、星空は北極星（北斗星）付近を中心として、1時間に15度ずつ反時計回りに回転して見えるんだ。

作品には、それぞれの星や星座がどう見えると書いてあるかな?

北斗七星が地平に近い下の方にあって、こぐま座が上の方にあるって書いてるね。

それに、オリオン座の中央にある3つ並んだ星が縦に見えるってことは、オリオン座は横倒しになっているのかな。

オリオン座の赤いα星が左に、青いβ星が右に見える時だから、オリオン座が東の空から登ってきて間もない頃ってことかな。

その通り。「東岩手火山」を全部読むと、舞台になっている時間は夜中の「三時四十分」だと書いてある。それぞれの季節で何時頃どの方角にオリオン座が見えるか星座早見表で調べれば、この時間帯にオリオン座が東の空にあるということは、この作品の舞台は8〜9月頃と推定できるね。

すごい! 探偵みたい。

「銀河鉄道の夜」に登場する星座

賢治の作品にはよく星の描写が出てくるけれど、中でも「銀河鉄道の夜」には、非常にたくさんの天体が登場するんだ。この作品の中で星座が出てくるシーンをいくつか順番に抜き出して、銀河鉄道の道のりを想像してみよう。

　「もうここらは白鳥区のおしまいです。ごらんなさい。あれが名高いアルビレオの観測所です。」
　窓の外の、まるで花火でいっぱいのような、あまの川のまん中に、黒い大きな建物が四棟ばかり立って、その一つの平屋根の上に、眼もさめるような、青宝玉と黄玉の大きな二つのすきとおった球が、輪になってしずかにくるくるとまわっていました。[…]
　「何だかわかりません。」ジョバンニが赤くなって答えながらそれを又畳んでかくしに入れました。そしてきまりが悪いのでカムパネルラと二人、また窓の外をながめていましたが、その鳥捕りの時々大したもんだというようにちらちらこっちを見ているのがぼんやりわかりました。
　「もうじき鷲の停車場だよ。」カムパネルラが向う岸の、三つならんだ小さな青じろい三角標と地図とを見較べて云いました。

アルビレオは白鳥座の頭の部分にある星だよね。

そうだね。黄色っぽい3等星（黄玉）と青い5等星（青宝玉）が寄り添っている二重星だ。2つの星がお互いの周りを回っている連星というのもあるけど、アルビレオの場合は、たまたま同じ方向にある2つの星が近接して見えるんだ。

作品の中では、トパーズとサファイアのような球が観測所の屋根の上で回っていると表現されているね。

トパーズ

サファイア

銀河鉄道は、アルビレオの観測所を通った後、鷲の停車場に停まっているから、白鳥座からわし座の方へ進んでいるね。

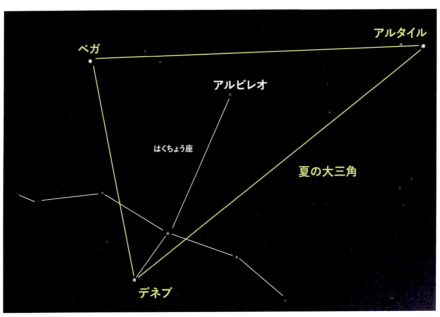

天の川の上に羽を広げた白鳥座の頭の部分がアルビレオ。天の川の両側には、こと座のベガ（織姫星）とわし座のアルタイル（彦星）が輝く

第6章　夜空を見上げよう

「あれきっと双子のお星さまのお宮だよ。」男の子がいきなり窓の外をさして叫びました。
　右手の低い丘の上に小さな水晶ででもこさえたような二つのお宮がならんで立っていました。
「双子のお星さまのお宮って何だい。」
「あたし前になんべんもお母さんから聴いたわ。ちゃんと小さな水晶のお宮で二つならんでいるからきっとそうだわ。」
「はなしてごらん。双子のお星さまが何したっての。」
「ぼくも知ってらい。双子のお星さまが野原へ遊びにでてからすと喧嘩したんだろう。」
「そうじゃないわよ。あのね、天の川の岸にね、おっかさんお話なすったわ、……」［…］
「あれは何の火だろう。あんな赤く光る火は何を燃やせばできるんだろう。」ジョバンニが云いました。
「蝎の火だな。」カムパネルラが又地図と首っ引きして答えました。

双子のお星さまって、ふたご座のことかな？

ふたご座は冬の星座だから、白鳥座やわし座と一緒には見えないんじゃないかな。

ここで双子のお星さまと言っているのは、同じ夏の星座であるさそり座の、尾にあたる星のことだね。これもアルビレオと同じ二重星だ。

さそり座の尾にあたる星は二重星。「双子のお星さまのお宮」はこの部分を指すと思われる

赤く光る火というのは、くまくんと一緒に見たさそり座のアンタレスのことだね。

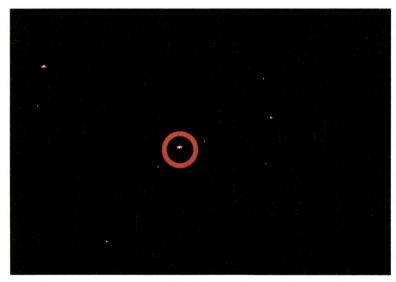

中央の赤く輝く星がアンタレス。さそり座の中心部にあり、「さそりの心臓」とも呼ばれている

第 6 章　夜空を見上げよう

「さあもう支度はいいんですか。じきサウザンクロスですから。」
　ああそのときでした。見えない天の川のずうっと川下に青や橙やもうあらゆる光でちりばめられた十字架がまるで一本の木という風に川の中から立ってかがやきその上には青じろい雲がまるい環になって後光のようにかかっているのでした。汽車の中がまるでざわざわしました。みんなあの北の十字のときのようにまっすぐに立ってお祈りをはじめました。
［…］
「あ、あすこ石炭袋だよ。そらの孔だよ。」カムパネルラが少しそっちを避けるようにしながら天の川のひととこを指さしました。ジョバンニはそっちを見てまるでぎくっとしてしまいました。天の川の一とこに大きなまっくらな孔がどほんとあいているのです。その底がどれほど深いかその奥に何があるかいくら眼をこすってのぞいてもなんにも見えずただ眼がしんしんと痛むのでした。

中央やや右に見えるのが、銀河鉄道の終着点サウザンクロス（南十字星）

145

銀河鉄道の終着点はサウザンクロス、いわゆる南十字星(みなみじゅうじ座)だね。

サウザンクロスはここに書かれている通り、天の川を南に下っていった先にある星座で、日本でも時期によっては沖縄県や小笠原諸島などで見えるけれど、基本的に北半球ではほとんど観察できない星座なんだ。

石炭袋というのは何かなあ。

ここは天の川と地球との間に星間雲があって、星の光がさえぎられているところだ。

引用以外の部分に登場する星も加えると、銀河鉄道の道のりはこんな感じかな。

第6章　夜空を見上げよう

プラネタリウムで星座を見よう

「銀河鉄道の夜」に出てくる星座や星は、北半球からは見えにくいものもあり、すべてを直接観察することは難しいでしょう。また、天体観測は天候や大気の状態などによっても大きく左右されます。

そのため、手軽に星空を観察するには、プラネタリウムを利用するのが便利です。日本には100以上のプラネタリウム館があり、中には宿泊設備を備えているなど、特徴的な施設もあります。全国のプラネタリウム巡りをするのも楽しいかもしれません。

大塔コスミックパーク「星のくに」（奈良県五條市）宿泊可

▶アクセス→p.156

大塔コスミックパークは、天体観測関係施設である主天文台、第2天文台、プラネタリウムのほか、望遠鏡のレンタルも行っていて、天体観測を楽しむための充実した設備が整っています。また天体観測ができる宿泊施設も併設されており、星の観測を満喫できます。

- **主天文台**：口径45cmの反射望遠鏡があります。
- **第2天文台**：口径40cmのシュミットカセグレン望遠鏡があります。
- **プラネタリウム**：360°スクリーンの天井に約6000の星が映し出されます。
- **ドームつきバンガロー**：2階部分に天体観測室・望遠鏡を装備したコテージ風の宿泊施設です。自分で望遠鏡を操作して天体観測ができます。

ドームつきバンガロー

バンガロー内の望遠鏡で撮影したオリオン大星雲

バンガロー内の望遠鏡で撮影したアンドロメダ星雲

名古屋市科学館（愛知県名古屋市） 世界最大 ▶アクセス→p.156

　名古屋市科学館のプラネタリウムは2011年にリニューアルされ、ドーム内径35ｍで世界最大となりました。映像機器も新しくなり、本物以上かと思われるほどの素晴らしい星空を再現しています。

　また、自動解説が多くなる中で、ここでは学芸員による温かみのある解説が今も行われています。

●投影：1日6回の投影がありますが、一般・ファミリー・学習・団体・行事などに割り振られているため、事前に入場可能な回を調べておく必要があります。
●テーマ：一般投影は月替わりのテーマで学芸員が生解説してくれます。
●天文館：科学館5階の天文館には、プラネタリウムの歴史や太陽系や宇宙についてのわかりやすい展示があります。

ドームが特徴的なユニークな外観

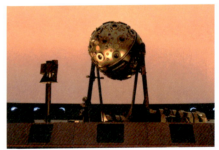

プラネタリウムドーム

ユニークな展示や解説が楽しめる

プラネタリウム機器のいろいろ

第6章 夜空を見上げよう

明石市立天文科学館（兵庫県明石市）   ▶アクセス→p.156

　明石市立天文科学館は日本標準時の基準となる東経135度の子午線上に建てられており、1960年に開館しました。科学館は1995年の兵庫県南部地震による被害で3年以上の休館を余儀なくされましたが、プラネタリウムだけは奇跡的に無事で、現在も開館時と同じように生解説で投影が行われており、稼働中のものとしては日本最古です。さらに2010年には科学館の展示室もリニューアルされ、天体だけでなく子午線や暦のことを詳しく知ることができます。

●**プラネタリウム**：直径20mのドームにカールツァイス・イエナ社（旧東ドイツ）のプラネタリウムが収まっています。光学式のプラネタリウムで、生解説と合わせて星空を楽しむことができます。

●**天体観測室**：口径40cmの反射望遠鏡があり、月1回観測会が開かれます。

子午線上にある時計塔

日本最古のプラネタリウム

14階の展望室からは明石海峡が見える。手前の電車のホームにある縦の白い線（矢印）はこの科学館を通る東経135度の経度線が南へ伸びた部分

149

実習　太陽黒点を観察しよう

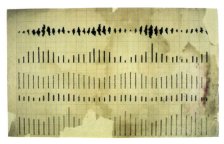

黒点図（高村毅一、宮城一男編『宮沢賢治科学の世界』より）

賢治は農業に直結する太陽についても、特に関心を払っていたようだ。
羅須地人協会時代に農業青年向けにひらいていた講義で使われた掛図のひとつにも、太陽黒点の増減を示す絵図がある。

 太陽の表面に見える黒い点のことだよね。太陽の表面の層（光球）の中で、周りより温度が低い部分なんでしょ。

黒点の増加は太陽活動が活発であることを表しているんだ。毎日太陽の表面を観察していると、黒点の数が増減したり、太陽の自転によってその位置が変わっていくのを記録することができるよ。

準備するもの

・デジタルカメラ
（望遠機能×30くらいの一般的なものでOK）
・遮光シート
（日食観察用のシート。日食観察メガネなどについているもの）
・三脚

第6章 夜空を見上げよう

撮影方法

❶ カメラのレンズ部分に、日食観測用のメガネなどから取り外した遮光シートを貼るつける。隙間ができないように、ただしテープはレンズ部分や望遠部分にかからないように気をつける。
※遮光板をつけていないカメラを太陽に向けたり、直接太陽を肉眼で見ないよう注意!

❷ 三脚にカメラを取りつけて太陽に向けてセットし、太陽が画面の中心にくるよう調整する。

❸ 望遠を太陽画像が最大になるように調整してシャッターを切る。三脚がなければ、手で持って撮影してもよい。

2019年4月12日

2019年4月13日

2019年4月14日

2019年4月15日

2019年4月16日

2019年4月18日

151

アクセス情報

※2019年5月時点の情報です。その後変更されることもありますので、事前にご確認ください。

第2章 化石を発掘しよう

(p.36) 大野市化石発掘体験センター HOROSSA!（ホロッサ）
所在地：福井県大野市角野14-3　九頭竜国民休養地内
アクセス：JR福井駅から九頭竜線に乗り換え終点九頭竜湖駅で下車、徒歩約20分。
料金：有料
その他：体験期間が決まっているので、ホームページを確認。

(p.38) 瑞浪市化石博物館野外学習地
所在地（博物館）：岐阜県瑞浪市明世町山野内1-13
アクセス：瑞浪市化石博物館へはJR瑞浪駅から徒歩30分もしくはタクシーで5分。車の場合は中央自動車道瑞浪ICより3分。博物館から川原の野外学習地までは徒歩30分。
料金：博物館の入館は有料
その他：博物館の休館日、天候不順日は利用不可。

(p.42) 元気村かみくげ　化石発掘体験コーナー
所在地：兵庫県丹波市山南町上滝1913-1　化石発見地見学者用駐車場内
アクセス：JR下滝駅下車。徒歩約20分、車も利用可。
料金：有料
その他：土日祝に実施。平日希望の団体は事前予約が必要。

(p.47) 石川河川敷の足跡化石
所在地：大阪府富田林市錦織東2丁目付近
アクセス：近鉄滝谷不動駅下車。南東方向へ行くと錦織（高橋）の交差点に出る。左折して道沿いに少し行くと川原に出られる道がある（右図参照）。
料金：無料

(p.49) 久慈琥珀博物館
所在地：岩手県久慈市小久慈町19-156-133
アクセス：JR、三陸鉄道久慈駅下車。JRバス山根・岩瀬張方面行で「琥珀博物館入口」下車か、盛岡方面行および二戸方面行で「森前」下車。バ

ス停からも距離があるため、事前連絡をしておくとバス停まで送迎してくれる。車の場合は国道281号線か県道7号線を久慈渓流沿いに進み、大川目町中学校付近の交差点を右折、黄色い看板に従って南へ約2km。

料金：有料
その他：採掘体験は予約が必要な期間あり。また冬季は中止。

第3章 岩石を調べよう

(p.63) 木津川の高師小僧探し

所在地：京都府八幡市八幡在応寺付近
アクセス：京阪八幡市駅下車。徒歩で北へ向かうと木津川に出るので、橋を渡って右岸の堤防を下流に15分ほど歩き、川原へ下りる（右図参照、植物が生い茂る時期は川原への下り道がわかりにくいので注意）。
料金：無料

(p.66) 住吉川のみかげ石観察

所在地：兵庫県東灘区住吉山手5丁目付近
アクセス：阪急御影駅下車。駅から白鶴美術館を目指して北東の方に約1kmで住吉川に出る（右図参照）。
料金：無料

(p.69) ほたる石鉱山 ミネラルハンティングガイドツアー

所在地（集合場所）：岐阜県下呂市金山町菅田桐洞699-3　菅田公民館
アクセス：JR飛騨金山駅下車、駅舎内にある金山町観光協会（080-3637-2201）でミネラルハンティングの受付をする。車の場合も事前に要連絡。受付を終えると採集場所まで案内してくれる。
料金：有料
その他：基本的に土日開催。冬季は開催していないので要確認。

(p.74) 大樹町砂金掘り体験

所在地（採集地）：北海道広尾郡大樹町字尾田217　カムイコタンキャンプ場
アクセス：帯広・広尾自動車道の終点・忠類大樹ICで降り、広尾国道を南進。歴舟川にかかる橋を渡ると、左手に「道の駅コスモール大樹」が見える。ここで砂金採りの道具の貸出しと、砂金採集場所の地図を配布している（6月〜9月）。さらに車で約15分のカムイコタン公園キャンプ場に行き、

歴舟川の川原に出て砂金を探す。
料金：道具の貸出しおよびインストラクターによる指導（要予約）は有料。
その他：10名以上の場合は要予約。

(p.79) 木津川の結晶探し

所在地：京都府八幡市八幡在応寺付近
アクセス：京阪八幡市駅下車。「高師小僧探し」と同様に川原へ下り、より橋の近くで探す（右図参照）。
料金：無料

第4章 大地の活動を読み解こう

(p.93) 野島断層保存館

所在地：兵庫県淡路市小倉177
アクセス：JR舞子駅下車。高速バスで北淡ICで下車し、路線バスに乗り「震災記念公園前」で降りる。車の場合は北淡ICで降り、一般道に入り約10分。
料金：有料
その他：12月に臨時休業あり。

(p.94) 根尾谷地震断層観察館

所在地：岐阜県本巣市根尾水鳥512
アクセス：JR大垣駅から樽見鉄道に乗り水鳥駅下車、徒歩すぐ。
料金：有料
その他：月曜休館（祝日の場合は翌日）。

(p.101) 阿蘇火山博物館

所在地：熊本県阿蘇市赤水1930-1
アクセス：JR阿蘇駅から産交バス阿蘇火口線に乗り「草千里（阿蘇火山博物館前）」下車。
料金：有料

第5章 気象と災害のしくみを知ろう

(p.111) 大滝ダム・学べる防災ステーション

所在地：奈良県吉野郡川上村大滝962-1
アクセス：近鉄大和上市駅から奈良交通バス湯盛温泉杉の湯行に乗り「大滝ダム学べる防災ステー

ション」下車。車の場合は橿原市から国道169号を南進し約40分。

料金：無料

その他：水曜と冬季は休館。団体は要予約。

（p.112）東京消防庁本所都民防災教育センター　本所防災館

所在地：東京都墨田区横川4-6-6

アクセス：都営地下鉄、京成押上駅もしくはJR、東京メトロ錦糸町駅で下車、徒歩10分。

料金：無料

その他：水曜と第3木曜は休館。防災体験ツアーは要予約。

（p.113）水のめぐみ館　アクア琵琶

所在地：滋賀県大津市黒津4-2-2

アクセス：JR石山駅もしくは京阪石山寺駅より京阪バスで「南郷洗堰」下車、徒歩5分。

料金：無料

その他：休館日はホームページのカレンダーを確認。雨体験室は改装のため2019年中は利用不可。

（p.117）豊田市防災学習センター

所在地：愛知県豊田市長興寺5-17-1

アクセス：名鉄上挙母駅から徒歩25分。

料金：無料

その他：年末年始および月曜休館（祝日は開館）。

（p.119）奈良市防災センター

所在地：奈良市八条5-404-1

アクセス：近鉄、JR奈良駅より奈良交通バス恋の窪町行「柏木町南」下車すぐ。

料金：無料

その他：月曜、休日の翌日、年末年始は休館。その他臨時開館・休館あり。団体要予約。

（p.123）四季防災館

所在地：富山県富山市惣在寺1090-1

アクセス：JR富山駅南口から31,32,38系統のバスに乗り「栗山南口」で下車、徒歩10分。

料金：無料

その他：月曜休館。

（p.128）中谷宇吉郎　雪の科学館

所在地：石川県加賀市潮津町イ106

アクセス：JR加賀温泉駅から路線バス温泉片山津線で「雪の科学館」下車。

料金：有料

その他：水曜休館（祝日は開館）。

第6章 夜空を見上げよう

(p.136) 国立天文台　水沢キャンパス

所在地：岩手県奥州市水沢星ガ丘町2-12

アクセス：JR水沢駅より徒歩20分。車の場合は水沢ICより10分。

料金：奥州宇宙遊学館は有料

その他：見学時はまず奥州宇宙遊学館に立ち寄り、パンフレットをもらおう。

(p.147) 大塔コスミックパーク「星のくに」

所在地：奈良県五條市大塔町阪本249

アクセス：JR五条駅、近鉄高田市駅、近鉄八木駅から奈良交通バス十津川温泉行に乗り、「ほしの国」で下車。

料金：天文台利用、宿泊利用などそれぞれ有料

その他：水曜休館（祝日は翌日、春・夏休みは水曜日も開館）4ヶ月前から宿泊受付可。

(p.148) 名古屋市科学館

所在地：愛知県名古屋市中区栄2-17-1　芸術と科学の杜・白川公園内

アクセス：市営地下鉄伏見駅で下車、南へ徒歩5分。

料金：有料

その他：月曜、第3金曜休館（祝日の場合翌日／第4金曜）。

(p.149) 明石市立天文科学館

所在地：兵庫県明石市人丸町2-6

アクセス：JR明石駅徒歩15分、山陽電鉄人丸前駅から徒歩3分。車の場合は大蔵谷ICから南西へ約3km。

料金：有料

その他：月曜、第2火曜休館（祝日の場合は翌日）。

参考文献・ウェブサイト

「岩手県花巻町産化石胡桃に就いて」早坂一郎、『地学雑誌』第 38 集第 444 号（1926）／『宮沢賢治 友への手紙』宮沢賢治、保阪庸夫、小澤俊郎、筑摩書房（1968）／『校本宮澤賢治全集 第 7 ～ 8 巻』童話 1 ～ 2、筑摩書房（1973）／『校本宮澤賢治全集 第 9 ～ 10 巻』童話 3 ～ 4、筑摩書房（1974）／『宮沢賢治と星』草下英明、學藝書林（1975）／『農民の地学者 宮沢賢治』宮城一男、築地書館（1975）／『ユリイカ臨時増刊 総特集宮澤賢治』、青土社（1977）／『宮沢賢治の生涯 石と土への夢』宮城一男、筑摩書房（1980）／『宮沢賢治』西本鶏介、講談社（1982）／『宮澤賢治科学の世界 教材絵図の研究』高村毅一・宮城一男編、筑摩書房（1984）／『銀河の旅人 宮沢賢治』堀尾青史、岩崎書店（1984）／『復刻版 宮沢賢治手帳』小倉豊文、筑摩書房（1987）／『兄のトランク』宮澤清六、筑摩書房（1987）／『新編日本被害地震総覧』宇佐美竜夫、東京大学出版会（1987）／「宮沢賢治と超高層大気光」中沢陽、『物理教育』第 37 巻（1989）／『まんが岩手人物シリーズ 宮沢賢治』泉秀樹原作、山田えいし作画、板谷英紀監修、岩手日報社（1989）／「1989 年陸羽断層系・川舟断層トレンチ調査」大山隆弘ほか、『活断層研究』11（1993）／『宮沢賢治イーハトーブ自然館 生きもの・大地・気象・宇宙との対話』ネイチャープロ編集室、東京美術（2006）／『宮沢賢治 早池峰山麓の岩石と童話の世界』亀井茂、照井一明、イーハトーブ団栗団企画（2009）／「いわて自然ノート『岩手公報』の記事に見る 1896 年陸羽地震」吉田裕生、『岩手県立博物館だより』NO.122（2009）／『宮沢賢治と天然石』北出幸男、青弓社（2010）／『賢治と鉱物』加藤碵一、青木正博、工作舎（2011）／『日本の地震活動』『東北地方の地震活動の特徴』地震調査研究推進本部（2015）／『別冊宝島 宮沢賢治という生き方』、宝島社（2016）／『サライ 2016 年 6 月号 大特集生誕 120 年宮沢賢治に学ぶ「ほんとうの幸い」』小学館（2016）／『地学基礎（改訂版）』『地学（改訂版）』磯崎行雄ほか、啓林館（2017）／「新しい宮沢賢治」今福龍太、『新潮』2017 年 10 月号、新潮社（2017）

気象庁（天気図など） http://www.jma.go.jp/jma/index.html

国土地理院（電子国土Web） https://www.gsi.go.jp/

国立天文台（星図など） https://www.nao.ac.jp/

産総研地質調査総合センター（地質図 Navi） https://gbank.gsj.jp/geonavi/

図版クレジット

(p.8,9) 宇佐美竜夫『新編日本被害地震総覧』(1987) をもとに著者作成／ (p.10) 吉田裕生「いわて自然ノート『岩手公報』の記事に見る 1896 年陸羽地震」(2009) をもとに著者作成／ (p.11、12 地図) 国土地理院「電子国土 Web」をもとに著者作成／ (p.16 地質図) 産総研地質調査総合センター「地質図 Navi」をもとに著者作成／ (p.18、19 地形図) 国土地理院「電子国土 Web」をもとに著者作成／ (p.20、24、25、27、29-31 地図) 国土地理院「電子国土 Web」をもとに著者作成／ (p.50) 早坂一郎「岩手県花巻町産化石胡桃に就いて」(1926) より／ (p.57、65、66 地質図) 産総研地質調査総合センター「地質図 Navi」をもとに著者作成／ (p.87-89 地形図、断面図) 国土地理院「電子国土 Web」をもとに著者作成／ (p.94 写真) 国土地理院「電子国土 Web」をもとに著者作成／ (p.127 雪の形と大気の状態) 中谷ダイヤグラムの概念図（小林禎作・古川義純、1991）をもとに著者作成／ (p.137 星図) 国立天文台ホームページより／ (p.147 写真 3 点) 小坂進矢撮影／ (p.150 黒点図) 高村毅一、宮城一男編『宮澤賢治科学の世界 教材絵図の研究』より／ (p.152-154 地図) 国土地理院「電子国土 Web」をもとに著者作成

※上記以外の写真・図版については、特に断りがない限り著者撮影・作成。

おわりに

　賢治作品で読み解く地学の教科書とも言うべき前著『宮沢賢治の地学教室』を執筆していた頃から、"地学は座学だけでなく、野外での体験や実験をともなわなければならない"と思っていましたが、紙面の都合もあってすべてを盛り込むことはできませんでした。また別の機会にと思っていたところ、その機会は意外に早く巡ってきました。

　それまでにも学習・指導のために実際に訪れていた体験施設はすでに数多くありましたが、本書の執筆にあたっては、さらに追加していくつかの施設や観察地に出かけ、資料や写真を集めました。特に賢治の生涯に関係する場所への旅は心躍るものでした。またこれまで何度も行っていた実験や実習も、執筆のため新たに行ってみると新しい問題や発見に出会い、楽しい作業でありました。

　本書をまとめる上では、多くの先輩諸氏の著作などを参考にさせていただきました。実験・実習や写真撮影は藤原真理さんが、遠方への取材には井上博司さんがお手伝いくださいました。またプラネタリウムについては全国のプラネタリウムをすべて訪問した加藤誠夫さんに助言をいただきました。

　多くの図版は田中聡さんが、また複雑な内容の本を underson の堀口努さんがきれいにデザインしてくださいました。そして今回も、fuuyanm さんがすてきな装画や扉絵を添えてくださいました。

　企画編集担当の創元社の小野紗也香さんにも大変お世話になりました。これらの方々に改めてお礼申し上げます。

柴山元彦

■著者略歴

柴山元彦（しばやま・もとひこ）

自然環境研究オフィス代表、理学博士。NPO法人「地盤・地下水環境ＮＥＴ」理事。大阪市立大学、同志社大学非常勤講師。

1945年大阪市生まれ。大阪市立大学大学院博士課程修了。38年間高校で地学を教え、大阪教育大学附属高等学校副校長も務める。定年後、地学の普及のため「自然環境研究オフィス（NPO）」を開設。近年は、NHK文化センター、毎日文化センター、産経学園などで地学野外講座「天然石探し」「親子で化石探し」「名水めぐり」「地学散歩」などの地学関係の講座を開講。また、インドネシアの子供のための防災パンフ（地震、津波、火山）の仕掛け絵本を作成し現地で頒布する、ボランティアの普及活動を行っている。

著書に『ひとりで探せる川原や海辺のきれいな石の図鑑』『同2』、『3D地形図で歩く日本の活断層』、『宮沢賢治の地学教室』、共著に『自然災害から人命を守るための防災教育マニュアル』、『こどもが探せる川原や海辺のきれいな石の図鑑』（いずれも創元社）などがある。

宮沢賢治の地学実習
（みやざわけんじのちがくじっしゅう）

2019年9月20日　第1版第1刷　発行

著　者	柴山元彦
発行者	矢部敬一
発行所	株式会社　創元社 https://www.sogensha.co.jp/ 本　　社　〒541-0047　大阪市中央区淡路町4-3-6 　　　　　　Tel. 06-6231-9010（代）　Fax. 06-6233-3111 東京支店　〒101-0051　東京都千代田区神田神保町1-2 田辺ビル 　　　　　　Tel. 03-6811-0662
印刷所	株式会社ムーブ
装丁・組版	堀口　努（underson）
装画・扉絵	fuuyanm
図版作成	田中聡（TSスタジオ）、香川直子

©2019 SHIBAYAMA Motohiko, Printed in Japan
ISBN978-4-422-44018-7　C0044
〈検印廃止〉落丁・乱丁のときはお取り替えいたします。

JCOPY　〈出版者著作権管理機構　委託出版物〉

本書の無断複製は著作権法上での例外を除き禁じられています。複製される場合は、そのつど事前に、出版者著作権管理機構（電話 03-5244-5088、FAX 03-5244-5089、e-mail: info@jcopy.or.jp）の許諾を得てください。

本書の感想をお寄せください
投稿フォームはこちらから ▶▶▶

創元社の地学の本

宮沢賢治の地学教室
柴山元彦

A5判・並製・160頁
定価（本体1700円＋税）

**ひとりで探せる
川原や海辺の
きれいな石の図鑑**
柴山元彦

四六判・並製・160頁
定価（本体1500円＋税）

**ひとりで探せる
川原や海辺の
きれいな石の図鑑２**
柴山元彦

四六判・並製・160頁
定価（本体1500円＋税）

**こどもが探せる
川原や海辺の
きれいな石の図鑑**
柴山元彦＋井上ミノル

A5判・並製・160頁
定価（本体1500円＋税）

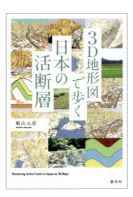

**3D地形図で歩く
日本の活断層**
柴山元彦

A5判・並製・208頁
定価（本体1800円＋税）

**自然災害から
人命を守るための
防災教育マニュアル**
柴山元彦、戟忠希

A5判・並製・176頁
定価（本体1500円＋税）